THE VICTORIAN INTERNET

The Remarkable Story of the Telegraph and the Nineteenth Century's Online Pioneers | 人类第一次大连接

维多利亚时代的互联网

TOM STANDAGE

[英] 汤姆·斯坦迪奇 = 著

多绥婷 = 译

后浪出版公司

江西人民出版社
Jiangxi People's Publishing House
全国百佳出版社

U0273200

维多利亚时代的互联网

多方赞誉

在这个新技术比肩接踵的信息时代，我们往往过高估计了人类改变行为模式的速度。这本介绍网络崇拜的经典之作，把今天的互联网热潮与当年将电报推上神坛的狂热进行了对比，发人深省。

——《华尔街日报》

本书带领读者体验了一段精彩的旅程，穿梭于人类历史中最关键的时期之一。

——《今日美国》

这是一项将所有人联系在一起的新技术！它为发明者带来了巨大的财富！——这是繁荣的网络时代——只不过主角是塞

缪尔 · 摩尔斯！

——《财富》

电报迅速向远距离传播海量信息的功能掀起了一股势不可挡的大潮，继而引发了一场全球革命。

——《华盛顿日报》

细节丰富并极具娱乐性……斯坦迪奇的作品色彩鲜明，文笔流畅，引人入胜……是一本让人愉快的好书。

——《史密森尼杂志》

网络领域最精彩的作品之一

——《金融时报》

在一个越来越引人注目的领域里，这是一本非常有趣的入门书。

——《洛杉矶时报周末书评》

斯坦迪奇用平易生动的语言讲述了一个精彩的故事，从1746 年的某天，一群天主教修士被人连哄带骗地连成了一串滑稽的人体导电线，到电报最终被电话取代。如果你对媒体的网络崇拜现象感兴趣，这本书就是你要找的。"

——《连线》

斯坦迪奇就电报及其在 19 世纪商业和技术发展中的作用创作了一部引人入胜的作品……《维多利亚时代的互联网》生动地证明了，即便是 21 世纪的高科技也不是完全新颖的独创。

——《丹佛邮报》

这本书应该成为信息革命弄潮儿的必读书目。

——《基督教科学箴言报》

斯坦迪奇的作品里有很多趣闻逸事，到处都是理想主义者和怪人。

——《书页》

本书简洁而又精准地介绍了电报由兴盛到衰败的故事。和所有好的历史作品一样，这本书也采用类比当下体验的阐述方式来调动读者的兴趣。

——亨利·彼得洛斯基，
《铅笔：设计与仪式的历史》一书作者

（《维多利亚时代的互联网》）值得一读，不仅因为它对于早期全球通信的精彩讲述，更是为了其中丰富多彩的人物故事。一本非凡的好书！

——温顿·瑟夫，互联网奠基者之一

对于早期现代通讯技术的一场充满创造力和话题性的重新发现。

——威廉姆·吉布森，《所有明天的聚会》一书作者

本书对电报在一个半世纪里迅速发展和演进的历史进行了生动简洁的介绍。这是斯坦迪奇的处女作，同时也是一则关于人类因为新技术的出现而对世界和平产生不切实际的希望，又在希望落空时自怨自艾的寓言。

——《出版人周刊》

本书是对一个曾经震惊世界的伟大发明及其对人类社会影响的精彩概述。推荐科技史爱好者阅读。

——《柯克斯书评》

这是一部生动的历史作品，讲述了很多奇闻逸事，又同时展示出，电报是如何永久地改变了世界——从一个需要人工送

达消息的世界转变成了一个信息即时传递的世界……斯坦迪奇举出了丰富的例证，包括电报在战争中（克里米亚战争），间谍活动中（德雷福斯事件中，上尉德雷福斯因为电报受到诬陷，后来又因为电报得以洗冤），甚至在爱情中（用互联网语言来说，类似于最早的聊天室）的应用。

——《书单》

目

录

再版序言

　　我手头有三个版本的《维多利亚时代的互联网》。一本是未校对的样书,另一本是精装本,第三本是2007年再版的平装本,再版中增加了作者汤姆·斯坦迪奇的编后记。在样书上,我翻到了我在1998年留下的读书笔记,还是手写的。上面写道:

　　这本书语言简洁、情节紧凑,作者极具洞察力地记录了电报的发展历程,让我全神贯注地从第一页读到了最后一页。这像是一部内容充实又饶有趣味的编年史。与互联网两相比较,我们现代人的妄自尊大被暴露无遗。对互联网的大肆吹捧,也曾经发生在电报、电话、无线电和电视这些当时的新技术之上。

　　我们必须要读这本书,原因很简单,就是为了能从更全面的视角来思考审视互联网。当然,除此之外,这本书笑料不断,记载了很多这个领域的领军人物和偶然登场的怪才的奇闻轶事。

如今已经是 2013 年了，距离汤姆完成第一版有 15 年。即便是他在 2007 年写下的编后记，在仅仅 6 年之后，也需要一些更新了。随着智能电话和平板电脑逐步占据原本由台式机和笔记本电脑统治的市场，他做出的关于无线化将要卷土重来的论断得到了证实。也许更具有预言性质的是，我们正在步入的新时代里，任何装置，无论大小，都可能成为无限深广又紧密联系的互联网世界的一部分。"物联网"成为了新的热门用语。在谷歌，人们已经发明出一种能利用无线网络获取信息的智能汽车：智能汽车之间可以彼此学习，也可以接收全球范围内的"用户群"提供的地理位置信息。谷歌眼镜：一种可佩戴的装置，将计算处理能力和佩戴者的感官知觉结合了起来，计算机通过与佩戴者分享它的视觉与听觉"神经中枢"，来帮助我们了解我们身处何地，周边环境如何，以及哪些东西可能引起我们的兴趣。

感谢微电子学的发展，由电池供电的装置——包括各式各样的传感器和线圈——共同组成了全球人造信息网。我们曾经要通过书籍、其他出版物，甚至电视和广播中获取信息，现在我们使用网络查询信息，还能在网上关注感兴趣领域的最新动态，可以和认识的或不认识的同行交流，也可以分享我们的经验、体会和知识。通过信息系统的无尽网络，我们娱乐他人，也享受娱乐。我们学习、说教、谈判、生产、消费、计划、执行以及协作，这一切都是在网络上实现的。

正是因为体验到了电报系统高速传播信息的效率，上述一些现象对于人类来说才是可以预见的。当电报系统通过横跨大洋的电缆以及无线广播大范围扩张之时，人们才开始想象信息在世界范围内以高速传播可能带来的影响。我们做出这些预想的能力是受到我们对于这一系统规模和范围的理解所限制的。不同于广播和电视为播放时间所限，或者出版物囿于版面，在互联网之上，时间和空间不再构成约束。系统的使用者可以决定花多少时间来探索网络上数量巨大并且不断增长的信息。

但与此同时又有我们无法忽视的阴暗一面。对于数字技术和数字化信息的依赖也成为了我们的弱点。我们的电子设备可能感染数字病毒、蠕虫病毒、特洛伊木马，以及其他的恶意软件。我们的日常生活可能被打乱。一些关键的基础设施可能被破坏或者瘫痪。在创造这个非凡的紧密相连的世界的同时，我们也让自己背上了累累重担。隐私的边界受到侵犯，质量的可靠性逐渐下滑，正直的品质折中妥协，而这个系统也令对他人的信赖变成了一种冒险，这都提醒着人类：我们还要克服很多困难和挑战。E．M．福斯特在 1909 年就写过一篇名为《机器休止》的小说，讲述了一个完全依赖机器的社会在所有机器突然停止工作时陷入的无穷混乱。

汤姆的杰作反复地提醒我们：在乐观和热情之外还必须要

有全面的观察和细致的思虑。这就是这部关于电报机的经久不衰的著作想要告诉我们的，至少我是这样理解的。

温顿·瑟夫

2013 年 4 月

前言

在19世纪，人们没有电视、飞机、电脑，也没有宇宙飞船；抗生素、信用卡、微波炉、激光唱片和移动电话也都尚未问世。

然而，此时的人们已经建立了一个互联网络。

在维多利亚时代，一种有效的长距离即时通讯技术诞生了，前所未有地将全世界更加快捷也更加深远地联系在了一起。一个世界范围的沟通网络建立了起来，它的缆线穿越洲际和大洋，革命性地改变了商业模式，诱发了新型犯罪，并将它的使用者湮没在泛滥的信息洪水之中。异地的恋情通过此网络滋养蔓延。密码被一方发明，又被另一方破译。此网络的好处被它的拥护者大肆宣扬，又被它的反对者逐一驳斥。政府和监管者试图控制这一新的媒介，但又都没能取得成功。对一切事物的态度，从信息收集到外交政策，都需要彻底的重铸。与此同时，伴随着技术的革新，一类具备特有的行为方式和语言习惯的亚文化在网络上诞生并确立了下来。

这一切是否听起来异常熟悉？

今天，互联网经常被形容成信息高速公路；而互联网在 19 世纪的先驱——电报系统，则曾经被赋予"思想的公路"的称号。现代计算机通过网络电缆交换传递比特和字节；电报则是由电报员通过手工输入摩尔斯电码的点和划在线路中传输的。两者使用的设备或许不同，但给使用者的生活造成的影响却惊人地相似。

电报的发明带来了印刷机推广以来通讯界最伟大的革命。现代互联网使用者，在很多方面上，都是电报传统的继承人，这也意味着今天的我们能站在一个独特的视角上去研究和理解电报。反过来说，电报也能帮助我们从全新的角度去分析互联网带来的挑战、机遇和陷阱。

电报的兴盛与衰落是一则有关科学发现、精巧技艺、私人恩怨和残酷竞争的传奇故事。同时也是一篇新技术之下众生相的寓言：有些人深陷于乐观主义，也有些人发现了实施犯罪、寻找浪漫或轻松赚钱的新路子——很多现象其实是人的天性使然，却被怪罪到了新技术的头上。

这是一个关于最早期的网络先锋的故事，他们曾经被当成怪人、离经叛道者和空想家，但他们建立了一个全球范围的通讯网络——这个网络，事实上，正是维多利亚时代的互联网。

第一章

所有网络的先驱

电报：（名词）远距离传送信息数据的体系或工具；
（动词）传递消息（来源于法语 TÉLÉGRAPHE）。

1746 年 4 月的某天，在巴黎加尔都西大修道院内，大约 200 名修士站成了一列蛇形的长队。每个修士两手各拉一根 60 厘米长的导线的一端，把他们和前后的人连接在了一起。修士和电线连成的队伍长达 1.6 公里。

队伍刚刚站好，著名的法国科学家，同时也是修道院院长的让－安托万·诺莱，没有发出任何警告，就把串联着修士的导线连在了原电池上——给他们来了一记强劲的电击。

诺莱可不是为了好玩儿才想到用电流击打修士；他的实验有着严肃的科学目的。和很多当时的科学家一样，他想要通过实验检测电的属性，弄清楚电在导线上能传导多远，以及传导的速度有多快。连在长达 1.6 公里的导线上的修士们同时发出惊叫并全身抽动，这就揭示了电可以传导很远；而且就诺莱看来，这一传导是即时的。

这是一件意义非凡的大事。

这就意味着，在理论上，有可能设计出一种利用电流工作的信号装备，在远距离通讯上，此装备将远远超过人工送信所能达到的速度。

在当时，给一百英里（1 英里约等于 1.6 公里——编者注）之外的人送信几乎要花掉一整天时间——这是送信人骑马奔行一百英里要用的时间。此类不可避免的信息延迟已经持续了数千年；乔治·华盛顿经历过，亨利八世经历过，查理曼大帝和尤里乌斯·恺撒也经历过。

因此，生活的节奏也随之缓慢异常。领袖将军队派往远方，要等待数月才能知晓战斗的结果是胜是负；船队远行，踏上史诗般的征程，人们好几年都不会再见到船上的人或者听到来自他们的消息。有关重大事件的新闻缓慢地向四周传播，就像水池里泛起的涟漪，边界推进的速度不会超过一匹飞奔的好马或是一艘迅捷的船。

想要更加快捷的传递信息，显然需要一种快于一匹马或一艘船的媒介。声音，以每分钟 12 英里的速度传播，就是一种更迅速的通讯方式。如果教堂的钟敲响一声，两秒钟之后，站在半英里之外的修士就会知道时间是下午一点。相比之下，如果教堂在下午一点整的时候派出一位骑马的信使，则要用好几分钟才能把"现在一点啦"这个消息告知同一位修士。

　　光线也提供了一种高速的传播渠道。如果这位修士视力尚佳，且当天的空气能见度较好，他也许能够看清教堂大钟的指针。而且由于光线的速度极快（大约每秒 20 万英里），短距离传播几乎是即时的，信息从钟面到达修士几乎不会消耗任何时间。

　　现在，诺莱和其他人的实验显示，电流似乎也可以长距离即时传播。不同于光线，电流是通过导线传播的，从而可以绕过拐角；电流传播的两点之间不需要没有遮挡的直线视线。这就意味着，如果在下午一点的时候，一记电击通过一条半英里长的导线从教堂发出，传导到远处的一位修士身上，他立即就能知道准确的时间，即便当时他在地下、室内或任何看不到教堂钟楼的地方。

　　但是马背上传递的信息也有其优势，那就是信息的内容可以包罗万象；除了"现在一点了"，也可以有"来教堂"或"生日快乐"这样的内容。然而，一记电脉冲，就如同教堂的大钟敲响一下，是所有信号中最简单、最基本的。人们需要的是找到一种能够使用简单信号传递复杂信息的方式。但是，这要如何才能实现呢？

　　从 16 世纪晚期开始，欧洲大陆上就开始流传一则顽固的谣言，说是存在一种魔法装置，可以向几英里之外的人一个字母

一个字母地拼出要传递的信息。这些传说中并没有多少事实的成分，但是到了诺莱的时代，故事开始有了某些在今天被称为"都市传奇"的特质。没有人见过这一装置，但大家又都相信它的存在。据传，这种装置是依赖在远距离外仍能相互感应的"同感针"来传递消息的。举个例子，红衣主教黎塞留，这位冷酷而受人敬畏的法国首相，就被认为拥有一台这样的装置，原因是他似乎总能很快得知远方发生的事情。（话又说回来，当时大家还传言说他拥有一个带魔法的"全视之眼"。）

关于"同感针"的最著名的描述，或许是由费米恩努斯·斯特拉达——一位知名的意大利学者，在他 1617 年出版的《学术演练》中的详细解读。他这样写道："对于有此种特性的天然磁石，如果两根针都接触这种磁石，并以各自的中点为轴心保持平衡，然后将其中的一根向特定的方向转动，另一根也会同时移动，与前者保持平行。"每一根针，都被安装在日晷的中心，而日晷的边缘上按顺序刻着字母表。如果将其中一根针调整到指向字母"A"的位置，会导致另一根针也指向相同的字母。而且，据说无论这两根针相距多远都有同样的效果。于是，通过将一根同感针接连指向不同的字母，消息就可以从一个地点传递出去了。

"仪表快速转动，指向不同的字母，一会儿指这个，一会儿指那个，"斯特拉达这样写。"交流的绝好方式，远方的朋友眼见'喋喋不休'的铁指针在没有人控制的情况下转动，一会儿指向这儿，一会儿指向那儿：他躬身于仪表之上，记录下指针传递过来的内容。当他看到指针静止下来不再转动，就轮到他了，如果他认为有回复的必要，就用同样的方式，转动指针指向不同的字母，来答复他的朋友。"

这个关于同感针的故事还是有一点点事实的基础的：确实有这么一种自然界的矿物，被称为天然磁石，可以用于磁化铁针和其他金属物质。如果将两块磁铁靠近放置，移动其中的一块确实会导致另一块跟着移动，这是它们之间的磁场相互作用的结果。但是两块磁铁不会保持平行，而且这种效果也仅仅在两者距离非常近的时候才会出现。斯特拉达描述的这种可以在远距离外相互感应的同感针，简而言之，并不存在。

但这并不能阻止人们谈论它们。一个狡猾的推销员甚至试图把这样一组同感针卖给意大利天文学家、物理学家伽利略。作为一名实验证据和直接观察坚定的早期信仰者，伽利略要求推销员现场演示使用同感针。推销员拒绝了，号称它们只能在远距离上正常工作。伽利略大笑着把他赶了出去。

然而关于神奇的同感针的流言还在继续，与之同时的是对于电的属性的实验研究。但是直到1790年，在可应用的信号装置领域，才刚刚产生了一项实质性进展。当这一重大突破终于做出时，它既无关铁针，也没有天然磁石或电线的事儿；事实上，真正让人惊讶的是居然没有人早点想到这个办法。

时钟和饭锅看起来似乎和通讯革命搭不上关系。但是，克劳德·查普就是利用这两件东西建造了他的第一个能够有效工作的信令系统。

查普是众多试图将电流应用于远距离传递信息但又遭遇失败的实验者之一。查普出生于一个富裕的法国家庭，曾经的志向是成为一名牧师，但他的计划被 1789 年法国大革命打乱了。他开始从事科学实验，主攻物理学，尤其是与电流信号系统相关的问题，但是没有比其他人取得更多的进展。于是他决定尝试走一条更简单的路径。没过多久，他就想到了一个用击打饭锅发出的震耳欲聋的"当"的响声来传递信息的方法——这么大的响声在四分之一英里之外都能听到——同时，两只经过特殊改造的时钟也在发挥作用。这两只钟没有时针或分针，只有一根走速是正常时钟两倍的秒针，每分钟秒针走完两圈，而且钟面上有十个数字，而不是十二个。

克劳德·查普与他的兄弟雷内，在他们父母的后院里相隔几百码站开，从对钟开始，拉开了实验的序幕。当时钟的秒针指向 12 点钟的位置时，克劳德就会敲一下饭锅，发出"当"的响声，这样他的弟弟就能同步调准另一只时钟。接下来，当秒针指向克劳德想要传送的数字时，他就敲击出"当"的响声，这样就把信息传递了出去。然后再将数字转成字母、文字和句子，像这样传递出简单的信息。如今，我们已经不能确定查普兄弟最初的代码是如何设计的，但很有可能是两个数字或三个数字一组，然后再在代码本中查找数字对应的字或者句子。

换句话说，简单的信号可以传递出复杂的信息。然而，这一设计的问题（除了不断发出敲锅的噪音之外）在于信息发出者必须处在接收者的听力范围之内，而这一距离受风向的影响有所不同，但最多也就几百米。没有把铜锅换成其他敲起来更响的材质，查普意识到，更简单的解决方案是将声音信号替换为视觉信号。

于是饭锅正式出局，取而代之的是一扇五英尺高的可旋转遮光板，一面漆成黑色，一面漆成白色。通过在秒针经过一个特定数字时翻转遮光板的方法，查普就把这个数字传递了出去。这一改进有着明显的优势，那就是信息可以快捷地向更远的距离传播了——尤其是在使用望远镜观察旋转遮光板的时候。

1791年3月2日上午11点钟，查普和他的弟弟利用黑白遮光板、特制时钟、望远镜和代码本，在位于他们的家乡——法国北部的布鲁伦的一座城堡，向位于十英里之外的帕斯传递了一则消息。在当地官员的见证之下，他们用了四分钟的时间将一条由当地神学家给出的句子——"SIVOUS RÉUSSISSEZ, VÔUS SEREZ BIEN-TOT COUVERT DE GLOIRE"（"如

果成功，你们将很快沐浴在圣光之中"）——从一处传递到了
另一处。

查普想要给他的发明起名"tachygraphe"——希腊语"迅
速的书写者"的意思——以表明它传递信息的速度前所未有。
但是，他的朋友迈厄特·莫里托——一位政府官员和古典学者，
改变了他的主意，说服了他使用"télégraphe"这个名字，这
是"远方的书写者"的意思。

就这样，电报诞生了。

证明了他的发明能够有效工作之后，查普在他的另一位兄
弟，刚刚当选立法议会议员的伊格纳茨的帮助之下，开始在巴
黎寻求支持。但是在大革命时期法国的混乱环境之下，很难推
广新的发明，伊格纳茨也没能行进多远。1792 年，当查普兄弟
在巴黎附近的贝尔维尔举行新发明演示会的时候，他们被怀疑
向狱寺里关押的保皇党犯人发送信号，演示设备被当地的暴徒
砸掠一空。查普兄弟也险些丧命。

到此时，克劳德·查普已经找到了一种不再需要使用同步
时钟的方法：他设计了一种全新的装置，由一根较长的转动臂，
和长转动臂两端的较短的转动臂组成。这根长转动臂叫做调节
器，可以水平放置或垂直放置；而两根短转动臂叫做指示器，
可以做四十五度旋转，确定七个不同的位置。这一设计总共有

98 种不同的排列组合，其中 6 种为"特殊用途"保留，剩下的 92 种可以分别代表数字、字母和常见的音节。特制的代码本共有 92 页，每页上列有 92 个带有编号的单词或词组，这就意味着 92 乘以 92，也就是 8464 个单词或词组可以通过连续两个信号传递出去。第一个信号指示在代码本中的页数，第二个信号指示这一页上的单词或句子。

著名的钟表匠亚伯拉罕 - 路易斯·布里格特，为查普的新发明制作了一个精巧的控制机关：通过滑轮装置，按等比例缩小的操控装置可以用来调整大得多的转动臂的位置。放大的转动臂可以被放置在塔尖上，由身处室内的操作员控制。查普相信，只要能每隔几英里建一个这样的塔楼，且每个塔楼都在相邻塔楼的视线范围内，那么这套装置就能够用于远距离快速传递信息。

1793 年，查普将他的新发明的详细资料发送给了国民议会，此时国民议会已经取代了立法议会执掌法国。公共指导委员会主席查尔斯 - 吉尔伯特·鲁默看到了这项发明的潜力，建议议会出资进行一次评估其军事价值的实验。

相关的工作委员会马上组建了起来，由备受尊敬的科学家约瑟夫·阿肯那、数学教授路易斯·阿博加斯特以及立法委员和历史学家皮埃尔·克劳德·弗朗索瓦·多努组成。委员会打算拨款在贝尔维尔、埃古恩、圣马丁杜特建立三个电报塔，覆盖大约二十英里的距离。如果一条信息可以成功地通过三个电

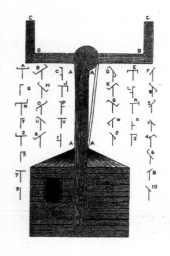

查普型观感电报，用不同的转动臂位置来代表不同的字母。转动臂被放置于塔尖之上，由一名室内操作人员控制其转动。

报塔传递出去，那么这一系统显然也能在更远距离上通过更多的塔楼工作。有了巴黎暴民攻击查普兄弟的前车之鉴，这三个城镇的市长被要求对电报机和它的操作人员的安全负责。

1793 年 6 月 12 日，电报塔建成的几周之后，委员会成员被邀请参加一场演示会。第一条信息的传递在下午 4:26 开始，每个站点里有两名操作人员，一名控制转动臂，另一名通过望远镜观察邻近的电报塔。处于中间位置的站点里，观察员报出发信电报塔上转动臂位置的变化，操作员相应地控制指示臂发出相同的信号；每个信号都会保持几秒钟不动，然后再转换到下一个信号，就这样，信息就一站一站地传递到了接收站。这三个电报塔用了 11 分钟将一条乏味的信息传递了出去（"多努已经到达。他宣布，国民议会已经授权公共安全委员会在委托书上盖章"），又过了 9 分钟，传递回来了一条同样平淡无奇的回复。但这次实验无疑是成功的；委员会的成员，尤其是阿肯那，对实验结果相当满意。

两周之后，阿肯那充满激情地向议会介绍了这项新发明的巨大潜力，以及这一伟大发明是由法国人做出的一件多么光荣的事情。"科学和艺术毫无保留地为共和国的光明前途做出贡献，这出自她的天才子民之手，召唤着我们的国家承担起领导全欧洲的重任，"他激情迸发地宣讲道。他的热情主要来源于电报在维护刚刚建立起来的法兰西共和国的统一中可能发挥的作用，主要是确保巴黎的中央政府加强对各个省份的掌握和管控。在他接下来的演讲中，他建议建造由巴黎到里尔，向北方延伸 130公里的电报系统，由 15 座电报站组成。查普将由政府提供薪俸，并配给他一辆马车。

巴黎 – 里尔线是法国国家电报系统的第一条支线，于 1794年 5 月正式开始运行。8 月 15 日，法国从奥地利和普鲁士手中夺回了一座城镇，战斗结束还不到一个小时，这条信息就传到了巴黎总部。在法国向北进攻荷兰时，更多胜利的讯息通过电报系统传来，政府对查普这一发明的赞赏之情与日俱增。到了1798 年，由巴黎起向东延伸到斯特拉斯堡的第二支线建成，而里尔线已经向北延伸到了敦刻尔克。

拿破仑·波拿巴 1799 年开始掌权，是一名电报系统的坚定信仰者；他命令进一步扩展电报网，包括向布伦建造一条支线，以为日后入侵英格兰做好准备。他还要求亚伯拉罕·查普——克劳德的弟弟，设计一座能够跨越英吉利海峡发送信号的电报装备（在贝尔维尔和圣马丁杜特这两座最早建立的电报站之间，一个成功的电报机原型被建立了起来，并通过了测试，据说这两站之间的距离和英吉利海峡最窄处的宽度大略相当。后来，法国在布伦建了一座这样的电报站，但是拿破仑的远征大业未能实现，所以在不列颠建另一座电报站的计划也随之付诸东流。）到了 1804 年，拿破仑下令修建巴黎－米兰线，途经第戎、里昂和都灵三地。电报网络拓展到了前所未有的范围上。

此时阿肯那的预言已经成真，法国确实承担起了"领导全欧洲的重任"。在认识到了电报的军事价值后，欧洲各国政府，尤其是瑞典和英国，迅速复制了查普的设计，或者做出些许的调整。1795 年，在与法国作战期间，英国海军部下令在伦敦和南海岸之间建立一条电报线路用以通讯。英国的电报是乔治·莫里设计的，莫里是一名牧师，业余从事科学研究。他设计的英国电报由六片木质遮光板组成，每块都可以打开或关闭，一共生成 64 种不同的组合（$64=2 \times 2 \times 2 \times 2 \times 2 \times 2=2^6$）。很快，电报塔就如同雨后春笋般遍布了全欧洲。

电报系统很快被当成了那个时代的技术奇迹。1797 年版的大英百科全书新增了一个条目，其中体现的技术乐观主义与今天也没什么两样："不同国家的首都将通过电报站联系在一起，那些现在要用数月甚至数年才能解决的争端，也许将来只用几个小时就能解决了。"这一百科全书条目的作者还建议向付费客户开放电报系统："我们也许可以像建邮局一样建电报站；这将不仅仅是一项支出，同时还会产生收益。"

查普对他的发明也有着雄心勃勃的计划；事实上，他并没有打算把电报的主要用途集中在军事上，而是一心促成电报在商业领域的应用。他建议在欧洲建立一个商品价格公布系统，

1797 年建成的英国电报。六块遮光板每块都可以打开（水平）或关闭（垂直，如图所示），一共能构成 64 种不同的组合。

从巴黎到阿姆斯特丹、加的斯，甚至通过一个跨海电报站直达伦敦。他还倡议政府每天通过电报发布一条国情咨文。但是拿破仑对这两个点子都不感兴趣，但他同意每周一次向全国通告中奖的彩票号码。这就意味着在抽奖的当天，全国人就都能知道中奖的号码了，极大降低了利用彩票进行欺诈的可能。

尽管他的发明取得了极大的成功，克劳德·查普却无法开心起来。他每天都面临着来自竞争对手的如潮批评，他们要么声称发明了更理想的电报系统，要么声称在查普之前就有了发明电报的主意。就连他曾经的伙伴——知名钟表匠布里格特，也与他反目成仇，暗示自己对查普的发明做出的贡献远远不止于设计控制装置。查普陷入了深深的沮丧之中，而且开始变得越来越多疑，以至于在一次食物中毒的事件中，他指控他的竞争对手给他下毒。最终，1805年1月23日，查普在巴黎电报管理局门前跳井自杀。他的墓碑被设计成了一座电报塔的样式，铭文是电报代码的"永远安息"。

斯人已逝，但查普的发明在不断发展扩展；等到19世纪30年代中叶，电报线路已经遍布了大半个西欧，形成了一整套由转动的摇臂和闪烁的木板组成的机械互联网，在各地之间传递着新闻和官方消息。最终，这一洲际网络从巴黎向南延伸到佩皮尼昂和土伦，向北延伸到阿姆斯特丹，从西边的布雷斯特到东边的威尼斯，再加上芬兰、丹麦、瑞典、俄罗斯和英国建立的局域网，使得整个欧洲的电报塔数量加总起来有近一千座。

随着电报网络的发展，在不列颠兴起了一阵电报热的浪潮，业余科学家、兼职发明者，甚至江湖郎中都迅速投入到了改进国家电报系统的热潮中。英国海军部，已经花了大半个 18 世纪打发关于如何更好地在海上判定经度的可笑建议，现在又开始不断接收到同样有着良好初衷但又往往荒唐不经的关于将电报机改进得更快或更经济，甚至是更快也更经济的智谋和献计。一些发明家主张对英国采用的六块遮光板式设备进行改良；其他人建议使用他们重新编写和优化过的代码本；还有一些人则呼吁把整个旧系统都打碎，用全新的方式取而代之。一两个来信的人甚至声称建成了通过电流工作的电报机。

使用电流通讯的主意，最早是在 1753 年 2 月 7 日的《苏格兰杂志》上刊登出来的。一位匿名作者的来信被冠以《一种迅速高效传递情报的方式》的标题发布，这位匿名作者的签名只是一个简单的代号"C.M."。来信中描述了一种简洁的信号装置，由分别代表不同字母的电线和一台摩擦发电机组成。然而，没有证据能够表明这位 C.M. 真的制造出了一台这样的机器，而且他的身份始终是一个迷。

但是，从 C.M. 的文章发表到维多利亚女王在 1837 年继位，研究人员至少进行了 60 多项不同的应用电流来传送电报的实验。

他们或者使用冒泡的化学制剂，或许使用电火花，又或许用木髓球的颤动来检测通过电线传导过来的微弱电击。其中一些像C.M. 描述的那样，使用 26 根电线（每一根代表一个字母），也有一些利用数量更少的电线进行排列组合。但是做这些实验的科学家都在埋头独自工作，每个人都得从头开始——此外，更关键的是，他们中没有一个人能够像查普那样，通过一次具有决定意义的演示实验证明他们的发明的军事价值。

事实上，对于大多数人来说，相较于当时已经相当成功的观感电报机来说，使用电流的电报机实在没有什么研究进展，任何对电流电报机表示兴趣的人甚至都会被当成怪客。就如同1813 年一首打油诗所写的那样：

> 我们的电报原样好，
>
> 传递喜讯巧又巧；
>
> 更好的消息在路上
>
> 啊——波尼已经睡着了
>
> 压迫与战争结束早。
>
> 用电的电报不能要，
>
> 他们的功能惹人笑；
>
> 原想神奇让人惊，
>
> 结果智商差一程。

1816 年，弗朗西斯·罗纳德——一位 28 岁的英国年轻人，制造了能够正常工作的电流电报机。和查普最初的设计类似，这套电流电报装置也包括两只表盘上刻了字母的同步时钟，就像所谓的同感针装置会使用的表盘那样。这对同步时钟没有指针，在指针的位置上安装的是带缺口的旋转圆盘，所以随着圆盘的转动，每次只能看到一个数字。不同的是，罗纳德使用电流，而不是敲响饭锅或者翻转黑白两色的木板来发送代表字母的信号。当一台摩擦发电机发出一记电击，这记电击就会通过发射站的导线传递出去，引起悬挂在接收站导线末端的一对木髓球带电；而木髓球会在连电的瞬间相斥并发生抖动，操作员就会记录下此时表盘上显示的字母。

罗纳德在他的花园里建造了一套实验装置，并写信给政府，要求与海军部第一长官梅尔维尔爵士会面，并安排一次演示。"为什么我们从未给这位勤勉的情报员一次展示实力的机会？"他质问道，"如果事实证明他足以胜任，那么为什么我们的国王不能在布莱顿与身处伦敦的大臣们共商国是呢？为什么我们的政府对朴茨茅斯的治理不能和在唐宁街上一样及时呢？让我们尽力所能及之力，建立起电力通讯部门，让全帝国之内的人可以随时交流。"

然而，和其他改进电报系统的建议一道，罗纳德颇具前瞻性的意见被礼貌但坚定地拒绝了。约翰·拜罗——当时的海军部长，回信称鉴于英法战争已经结束，电报系统已经无须改进。"现在任何类型的电报都已经不再必要，"他写道，并称"除了现有的系统之外，我们不会再建设其他电报了"。

海军部的立场可以理解；不可能每当有人大言不惭地号称完成了不可能完成之事，即建立了实用的电流电报系统时，海军部都要耗时费力去调查考证。罗纳德从未得到演示他的发明的机会，但令人惊讶的是，他非常淡然地接受了这一事实。"人人都知道，"他在笔记中写道，"海军部早就对电报这玩意儿厌烦不已了。"他放弃了对电报的研究，转而专攻天气预测。

最终，由查普发明的观感电报网受限于其过于昂贵的运营成本。每个电报站都要有经验丰富的操作员轮班，并且还要到处建电报塔，所以只有政府才能运营得起；而他们有限的信息传输能力又决定了只能应用于传递官方信息。观感电报证明了人们可以通过发送简单信号的组合来传递复杂的信息；但是除了发现周边的山头上建起了电报塔楼之外，大多数人的生活没有受到直接影响（到了今天，最初的电报系统留下的遗迹就只剩下了几处地名；还有几座被叫做电报山的小土坡）。

除了过于昂贵之外，观感电报还面临不能在黑暗中工作的棘手难题，尽管有过多次试图在转动臂上挂彩色灯笼的试验，这个问题依然没有得到解决。此外，人们至少可以预见到夜幕的降临；而大雾和霾则随时都可能出现。当为新的电报塔选的时候，建造者一定要确保在相邻的两塔之间没有沼泽、河流或者湖泊；而且通常还会向当地的居民询问周边是否会经常起雾。

然而，如果可以建起一套实用的电流电报系统，那么它将能够在任意地形、任意天气，以及任意时间段之下工作。它将能够转过弯角以及跨越山岭来传送讯息。可惜尽管电流电报系统有如此之多的优势，罗纳德等人也做出了很多努力，但它在当时多数人的眼中仍不过是一场不可能实现的可笑梦幻。

第二章

陌生而炽烈的火焰

清晨中他制作了一条纤细的电线，

如同艺术家的想象在作品中璀璨，

当他从天堂中引出这陌生而炽烈的火焰，

光芒染红了午夜风暴的边缘；

他携带火焰跨越群山的峰峦，

将它投放进大洋的臂弯；

从此科学向我们宣布，从海岸到海岸，

时间和空间统辖人类的日子已经走完。

———选自《胜利之歌》，一首为致敬塞缪尔·摩

尔斯而创作的诗歌，1872 年

时至今日，连小孩子都可以制作简单的电流电报机。你所需要的不过是一节电池，一盏灯泡，和几根连接两者的电导线。我手持电池，而你拿着灯泡坐远一点；我控制连接电池的电线；我在这边接触或断开线路，就能让你那边的灯泡点亮或熄灭。

如果我们事先约定好了一套用灯泡闪烁的方式来代表不同字母的办法，我就能把消息传递给你（一种很简单但效率不高的策略就是用灯泡闪一下来代表字母"a"，闪两下来代表字母"b"，依次类推）。

当然了，在 19 世纪初期，蓄电池和灯泡还没有被发明出来。但诺莱用来电击修士的早期粗制电池已经被伏打电池取代。伏打电池是由亚历桑德罗·沃尔塔在 1800 年左右发明的，其工作的原理和现代电池相差无几。伏打电池可以为闭合的电路提供持续的驱动电流，而不再仅仅是短暂的一次电击。

但是此时距离美国发明家托马斯·爱迪生发明电灯泡还有 80 年，所以还没有能够检测电导线中是否有电流存在的简便方式。实验人员通常用带电引发的木髓球颤动，以及电流导致的化学反应进行判断。但是实验阶段的电流电报机用来检测电流的方式过于笨拙（比如罗纳德制作的那台），以至于整套装置既不稳定也不便于使用，最终也没能引起足够的重视。

重大突破发生在 1820 年，丹麦物理学家汉斯·克里斯坦·奥斯特发现电流周围会产生磁场，这一现象被称为电流的磁效应。磁场可以通过它对周边物质的影响检测出来：奥斯特发现，电流周围的磁场会使罗盘的指针移动。史无前例的，一种能够可靠、简便并反复使用的检测电流的方式终于被发现了。（讽刺的是，这种方式依靠的正是磁场——和当年同感针传奇依据的理论异曲同工。）

　　两项新的发明很快就随之诞生了：一个是电流表，可以通过指针的偏离度来显示电流的大小；另一个是电磁铁，一组始终带有磁性的电线圈——只要电线中有电流通过。和新的伏打电池一道，上述两种新发明都可以作为电流电报机的原件。

　　但是那些打算利用电流的磁效应制造电报机的人很快又遇到了新的麻烦：即便装备了最先进的电池和电磁铁，在用较长的电导线传递信号时，有些人似乎就是比其他人得到的成功的实验结果要少；没有人理解其中的玄妙。

　　举例来说，1824 年，不列颠数学家和物理学家彼得·巴洛打算制作一台带有电磁铁的电报机，这台机器在传递信号时会发出咔哒咔哒的响声。"现在只有一个问题可能影响最终的结果，那就是：随着电线长度的增加，（电流的）效果是否会随之减弱呢？"他问道。"我在导线长度只有 60 米的时候就发现存在这样递减的效应，让我立刻认为这种方法是不可行的。"

　　巴洛并不是唯一的质疑者。很多其他科学家也发现，他们使用的电导线越长，在另一端电流的效果就越弱。对于这一领域的研究人员，发明实用的电流电报机的愿望仍和过去一样难以企及。

　　塞缪尔·F.B.摩尔斯，1791 年出生于马萨诸塞州的查尔斯顿，也就是查普第一次演示他的观感电报机的那一年。他在电流电报机领域是个新手。如果他能再早一点建成第一台电流电报机，那么他也许就能尽早回家，赶上妻子的葬礼了。

1825 年 2 月 7 日，摩尔斯的妻子卢克丽霞突然病重，在他们位于康涅狄格州纽黑文的家中过世。当时摩尔斯并不在家。作为一名刚开始崭露头角的肖像画家，那时他身在华盛顿，正在试图打入收益颇丰的上流社会肖像画家的圈子。他当时刚刚接到一份为拉菲特侯爵———一位战斗英雄，画全身像的工作，他的事业似乎终于迎来了上升期。"我渴盼你的来信，"他在给妻子的信中写道，当时已经是 2 月 10 日了，他尚且不知自己与妻子已经是阴阳两隔。

华盛顿距离纽黑文有 4 天的路程，所以摩尔斯直到 2 月 11 日才接到噩耗，当时距离葬礼已经只有一天了。虽然快马加鞭往回赶路，摩尔斯到家也已经是第二周了。他的妻子已然下葬。直到 1825 年的美国，信息传递的速度仍还无法超越一匹快马。

摩尔斯 41 岁那年，在乘船横跨大西洋时偶然参加了一场讨论会，就是那时，他开始了对电报的痴迷。1832 年，摩尔斯从欧洲返回美国，他当时已经在意大利、瑞士和法国学习了三年绘画，并热衷于将卢浮宫的瑰宝展示给美国观众的轻率计划。在一张 6×9 英寸的帆布画布之上，他打算临摹三十九幅卢浮宫最精美的作品，并将之命名为《卢浮宫的画廊》。这幅至今仍

塞缪尔·F.B. 摩尔斯，电流电报机的发明
人之一。

未完成的画作，陪伴着摩尔斯一起踏上了萨利号——一艘准备
跨越大西洋的快船。萨利号主要运载信件，偶尔也捎带几位手
头宽裕的乘客。

　　他打算回到美国之后再完成《卢浮宫的画廊》，然后在那
里举行展览。这是一个典型的摩尔斯式计划——例如，自 1823
年以来，他就一直在研究一种号称可以复制任何塑像的大理石
切割器，并打算用它大量生产著名艺术品的仿制品然后卖给公
众。而且在他年轻时，他还改造过很多发明，包括他在 1817 年
设计的一种新型水泵，后来就卖给了当地的消防队。但是他这
些既饱含艺术热情，又志于服务公众的发明中，没有一个取得
了成功；倒霉的摩尔斯似乎总是从一个似是而非的主意跌跌撞

撞地转向另一个。

在萨利号穿越大洋的途中，船上的乘客渐渐相互熟识，启程两周之后的一个下午，一场餐桌边的哲学讨论中，话题偶然转向了电磁学。来自波士顿的查尔斯·杰克逊博士，对电磁学所知甚详，甚至携带了一块电磁铁和一些电元件上船。在讲解之中，另一位乘客向杰克逊提了一个问题，这个问题正是当年诺莱的实验试图解答的：电的传播速度是多少，可以传播多远？

正如在 1746 年那些被电到的修士可以证实的那样，杰克逊博士解释道，电可以通过任意长度的电路即时传播。摩尔斯大吃一惊。"如果电流的出现可以在电路的任意位置上被检测出来，"据传他当时这样说道，"那么没有道理信息不能通过电流即时传递到任何地点。"当然了，正是因为这个原因，科学家们才会在近一个世纪以来不断尝试驾驭电流以传递信息，但摩尔斯并不知晓这些。他离开餐桌，来到了甲板上，然后开始在他的笔记本上涂鸦。深信自己是想到这个主意的第一人，他立刻就全身心地沉迷到这一新的计划中了：他打算发明一台电流电报机。

也许是一种幸运吧，摩尔斯不知道之前的实验中电流电报机无法在长距离上将信号传递出去。自以为这一发明中电流传导的部分不会有太大障碍，他开始考虑另一方面的问题了：一种信号电码。

观感电报机的指针或遮光板可以排列成大量不同的组合，但是电流只有开通或关闭这两种状态。怎样才能用它来传递复杂的信息呢？摩尔斯激动不安地在萨利号的甲板上来回踱步，他很快就排除了用不同的电路代表不同的字母这一方式。接下来，他开始考虑用电磁铁的咔哒声来代表不同数字，就像教堂的钟声那样。但在这一系统之下，传递出数字 9（9 次咔哒声）所耗的时间将会是传递出数字 1（1 次喀哒声）所耗时间的九倍。

很快地，摩尔斯就想到了利用电流的长短——"哔－信号"的方法，这一方式之后演变成了使用点和划，也就是我们今天熟知的摩尔斯电码。他给从 0 到 9 的数字各赋予了一种或长或短的电流长度，并记录在了笔记本中。通过发送一系列的数字，他想，可以在编码过的电码本中找到对应的单词。

接下来，摩尔斯开始着手解决如何将电流传来的信号保存下来的问题，以便随后将电流信号还原到最初的信息。与杰克逊一道，他勾画出了将信号自动记录下来的大概思路，核心是通过一支由电磁铁控制的铅笔，将电流信号记录在纸带上。

在海上漂泊了六周之后，摩尔斯抵达纽约，此时的他似乎已经脱胎换骨。萨利号抵达的那天，他的兄弟理查德和西德尼在码头上迎接他，而他下船后几乎立刻就开口谈论起他最新的远大宏图了。"我们三兄弟间几乎连个招呼都还没打，他就开始给我们讲他在旅途中全心投入的重大发明了，回家的路上也一直在说这个。"理查德回忆道。西德尼则记得他"回家的路上全是在讲电报，而且之后的好些天都几乎没有提起任何其他的话题。"摩尔斯立刻就开始着手制造电流电报机了。

四年之后的 1836 年，一位年轻的英国男子经历了和摩尔斯类似的顿悟。威廉姆·福瑟吉尔·库克——解剖学教授的儿子，在辞去印度军队中的职务之后，发现自己开始无所适从，每天在制作医学解剖实习用的蜡模中浑噩度日。一次偶然的机会，在他到海德堡学习解剖的期间，他参加了一次有关电学的讲座，之后没多久，他就也决定要造一台电流电报机了。

库克参加的讲座展示了一台实验性的电报机，这台电报机是由俄罗斯外交官帕维尔·利沃维奇·席林男爵在 20 年代中期发明的。这台电报机通过电流表指针的左右摆动来指示不同的字母和数字。和罗纳德在英国的做法一样，席林也不断向政府机构中的高层官员推介他的发现。终于，经过多年的游说，他在 1836 年得到了一次在沙皇尼古拉斯面前进行演示的机会。沙皇对他的发明大加赞赏，并下令兴建官方的电报网络。但是此后不久席林就去世了，他的雄心壮志也随之长眠于地下。

然而，海德堡大学的门肯教授拥有一件席林电流表的复制品，他喜欢利用这个来演示电磁学的原理。在观摩了一场门肯教授的演示之后，库克"被电流的神奇力量深深震撼，尤其对

威廉姆·福瑟吉尔·库克，不列颠电流电报机的发明者之一。

利用电流来传递信息的实用性印象深刻。"库克意识到这一非凡的发明——用他自己的话说——"可以发挥伟大的作用，这作用远远要高于在讲座中进行演示"。库克（一直在寻找发大财的门路）毫不犹豫地放弃了解剖学，决定在改良席林仪器的基础上制造一台电流电报机。

用了不到三周的时间，库克就制作出了仪器的雏形。他将3台席林男爵的指针电报机组合成一套单独的设备，这台设备用一系列的开关和6根导线来控制3根指针，每根指针都可以向左或向后偏移，也可以保持不动，3根指针不同的位置组合代表着不同的字母。

在建好了可以将信息通过9米或12米长的导线传递出去的

样机之后，此时已经回到英格兰的库克，非常急于在更远的距离上实验他的装置。他的朋友伯顿·莱恩——一位伦敦林肯律师学院的初级律师，答应把办公室借给库克，但是只有 3 天时间。库克要连接一条长达 1 英里的电线，"我不得不在莱恩狭窄的办公室里摆下长达 1600 米的导线，而且导线还不能相互接触；完成这一工作需要的耐心和经受的疲惫真是让人崩溃！"库克在给家人的信中写道。更糟糕的是，实验的结果令人失望：他设计的样机就是无法在电线延长后正常工作。一周之后，库克受到的欢迎冷落了下来，莱恩收回了他的办公室。

与此同时，在纽约进行独立研究的摩尔斯，也遭遇了与库克一模一样的困难。尽管他的电报机在短距离上运转良好，但只要延长导线的长度，实验就无法成功。此时两人都已意识到，发明电流电报机对电学方面的要求远比他们最初预想的要高，而两人都不具备克服这一困难所必需的科学素养。

事实上，这个问题已经被美国物理学家约瑟夫·亨利解决了，他成功地通过一条长达 318 米的导线敲响了另一端电磁铁连接的铃铛。在 1829 年和 1830 年进行的一系列实验中，亨利发现，想让电流通过导线向远距离外传播，关键在于使用合适的电池。他发现，只要连接的电磁铁没有问题，在电流传递的距离方面，串联在一起的一大堆小电池，要远远胜过一支单独的大电池。但是业余发明家摩尔斯和库克并不知晓亨利的科研成果，即便当时众多大西洋两岸的科学界人士已经很熟悉这一发现了。

库克争取到了一次与杰出的英国科学家迈克尔·法拉第的会面的机会。法拉第当时主要的研究领域就是电磁学，他确认了库克设计的电报机在技术上是可靠的；但是当库克开始热情洋溢地宣传他发明的永动机时，法拉第怀疑眼前这人是个江湖骗子，于是借口自己还有要事需要处理，把库克从办公室撵了出去。

接下来，库克转而向他的朋友彼特·罗格特寻求帮助。在今天，罗格特以第一部百科全书的编纂者的身份著称，但他同时也是一位科学家，在1832年还发表了一本关于电学的专著。他把库克介绍给了查尔斯·惠斯通教授，此时的惠斯通已经因为设计了一系列判断电流速度的精巧实验而名声在外。两人安排了一次会面，库克很高兴地发现，惠斯通已经有了一条足够长的电线——事实上，有4英里之长——可以随时用于实验。但当他听说惠斯通自己也在琢磨着发明电流电报机时，可就没那么高兴了。此外，惠斯通很了解亨利的实验成果，此时他已经能在库克远远达不到的距离上发送电报信号了。

于是这两人别别扭扭地开始了合作关系：库克需要惠斯通的科学知识，所以他提议将他的设计带来收益的六分之一分给对方。但是惠斯通傲慢地宣称，科学家唯一该做的事儿就是发表他的科研成果，再让其他人去任意开发成果的商业用途；但

查尔斯·惠斯通教授，科学家，电流
电报机的合作发明人之一。

是如果年轻的库克想要与他合作，那么他们两人必须在待遇上
平等。最终，被库克的"热情、才能和不屈不挠的精神"所打动，
惠斯通同意了合作，但是又很幼稚地要求在签署所有文件和发
表文章时，他的名字都要排在库克之前。

　　这是惠斯通的典型做法，此人个性一向有些古怪，时而内
向害羞，不肯与人接触亲近，时而又固执傲慢到不可救药。而
他与库克的合作也相当不稳定，惠斯通坚持称电流电报机的发
明是自己一人的功劳，似乎库克不过是他在推介自己的发明时
引入的一个商业伙伴。

　　但是，尽管他们的个人关系不和，库克和惠斯通在专业上
的合作还是卓有成效的：他们很快就设计出了一款改良版的五

针电报机，并申请了专利。五针电报机中的每一根指针都可以向左或向右偏移，指向菱形表盘上的字母或数字，所以没有必要指定哪一组合代表哪个字母。然而，这一设计受限于表盘上菱形格能够排列出的位置，只有 20 个字母可以包含在这款电报机的字母表中；结果，字母"c""j""q""u""x"和"z"被省略掉了。尽管这一电报机要求，在发送人和接收人之间，每一根指针都由一条单独的导线相连，但是它可以在不需要电码本的情况下迅速地将信息传递出去。

相比于几个月就做出了成绩的库克和惠斯通，此时的摩尔斯已经在他的电报机上花了 5 年时间了。这主要是由于他在设

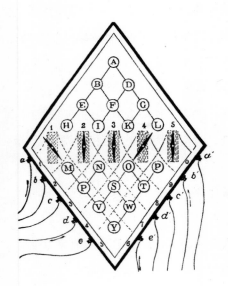

库克和惠斯通设计的五针电报机。每根指针都可以向左或者向右偏转，或者保持竖直；移动两根指针，就可以在表盘上菱形格的对角线上指示出一个字母（图中表盘上指示的就是字母"v"）。

计上走了一条弯路。他设计的发送装置上，有一根由带有锯齿的金属条组成的齿轨（或"接口尺"），每根金属条都代表一个字母或数字。当齿轨穿过发送设备时，金属条上的锯齿与空隙就会引起或长或短的电脉冲，电脉冲经导线传导到接收方，从而控制连接在电磁铁上的一支铅笔，使得铅笔在滚动的纸带上留下曲折线条。或长或短的电脉冲转化成了纸带上的曲折线条，这些曲折线条又可以通过摩尔斯电码被译回到原本的信息。摩尔斯认为，这一绕弯安排的优势在于，信息在传递之前可以提前准备好，而接收方则可以保留下所有传来信息的记录。这种设计极其复杂麻烦，而摩尔斯在任职纽约大学艺术设计系教授之后，只能依靠微薄的薪资度日，他经常不得不在把钱花在电报机的原件上还是面包上进行抉择。所以他花费了相当长的时间才组装完成了一套样机。

在遇到电流无法在长距离上传播的问题时，摩尔斯也得到了一位学者的指导。莱纳德·盖尔——纽约大学化学系教授，与摩尔斯的兄弟亨利私交甚笃，正是他提出了更换电池和改良电磁铁的建议。"在将一只电池替换为串联的二十只电池后，我们将信息通过 60 米的导线传递了出去，然后又传了 300 米，再后来，我们在纽约大学的教室里，在朋友们的见证下，将信息通过长达 100 英里的导线卷传了出去。"盖尔回忆道。这才是摩尔斯一直在寻找的突破。

　　摩尔斯和盖尔很快开始了合作，不久之后，一名叫做阿尔弗莱德·威尔的年轻人也加入了进来。威尔是在观摩了一场摩尔斯样机的演示后产生兴趣的，他同意出资制造一整套摩尔斯设计的装置，以换取团队成员的身份，以及对这项专利的一部分股权。对于经济上捉襟见肘的摩尔斯来说，出手阔绰、充满

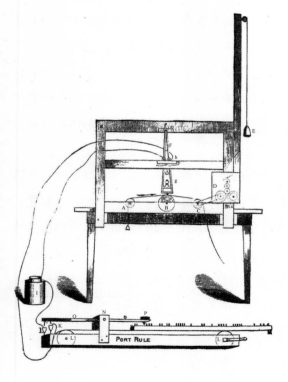

摩尔斯设计的早期电报机。转动手柄（L），使齿轨通过发送装置（P），电流随之连接或中断。在接收设备一方，间歇的电流就会被一支由电磁铁控制的铅笔（G）以曲折线条的形式记录在滚动的纸带（A）上。

热情，又在父亲的钢铁厂中积累了不少实践经验的威尔，简直是上帝派来帮助他的天使。

　　威尔加入之后，摩尔斯的设计得以迅速改进。他们取缔了齿轨和带锯齿的金属条，用手敲按键来发送信号。而接收方画曲折线的铅笔，则被一上一下、在纸带上留下点或划的墨水笔取代。摩尔斯的数字电码也被字母电码取代，点和划的组合可以代表任一字母，所以也不再需要数字对照的电码本了。通过数出一箱印刷品中每个字母出现的次数，摩尔斯和威尔给使用频繁的字母安排的电码就更加简短；"e"，最常使用的字母，就是用一个点代表的。

　　在对他们的设计不断完善的过程中，摩尔斯和库克都深知自己工作的重要意义，但是他们对对方的进展都还毫不知情。库克认为电流电报机对政府很有帮助，"一旦发生骚乱，可以藉此向地方当局发布命令，有必要的话，还可以向他们派军队支援。"他认为电流电报机还能用于传递商品价格以及家人病重的消息，"快马加鞭赶回临终的家人身边，还能见上最后一面，都是因为能比以往任何方式更快地得知消息。"

　　摩尔斯对他的电报机也同样充满雄心壮志。一位曾经拜访过他的人回忆道，"（摩尔斯）深信自己发明了一种运用电磁铁进行通讯并以文字的形式交流思想的实用设备，只要操作得当，就可以打破距离和时间的界限，而这一发明最终将成为政府事务以及公众生活中不可缺少的日常工具。"

从一开始，摩尔斯就坚信，通过连通大西洋两岸的电报系统，欧洲和北美将紧密相连。他预想到了一个由导线联系在一起的世界，所有国家都被遍布全球的电报网络结合了起来。"如果电流能够不间断地传递 10 英里，"他很喜欢这么说，"那我就能让它环绕全球。"

而且，摩尔斯知道，如果电报机早些普及，那么他的个人生活中也会发生很大的变化。据他的儿子爱德华说，"他经常会回想起当年等待亲人的回信时长达数日甚至数周的焦虑；他预见到，在国事和商务领域中，快速的通讯手段可能意味着的避免一场战争或拯救一大笔财富；但是，在那些更贴近人心的领域中，快速通讯则可能让丈夫有时间赶回到临终妻子的病床，或者挽救爱子的性命；可能帮助抓捕到流亡的逃犯，又或者制止对一个清白的人的处决。"

库克和摩尔斯实现了不可能实现的目标，发明了可以有效工作的电流电报机。毫无悬念，全世界都将臣服于他们的脚下。然而，发明出能够有效运行的样机还是较容易的那部分工作。说服人们相信它的重要性远比这要困难得多。

第三章

电报怀疑论

尽管电流电报机的实际效果已经在小范围内进行过演示，但是这一发明似乎太过神奇，以至于它怎么看上去都不可能是真实的。他一次又一次地被断言为空想家，而他的计划则被指责为荒诞不经。

——《纽约时报》，塞缪尔·摩尔斯的讣告，1872年

电流电报机的问题在于，和之前的观感电报机相比，它似乎更像是一个魔术戏法，而不是一种实用的通讯方式。任何人都能直观地看到观感电报机是怎么工作的：它的转动臂和遮光板可以转动到不同的位置，每一种位置都代表了一个不同的字母、单词或句子。而电流电报机呢，看上去似乎什么都没有干——它们要么格格作响，在纸带上留下毫无意义的点或折线，要么就是抽筋似的来回摆动的指针。那能有什么用处？美国的摩尔

斯和英国的库克都很快意识到，只有一种方法能说服这些怀疑者：建立大规模、有效工作的电流电报网络，把它们相较于旧式观感电报机的优势明明白白地展示出来。所以，两人都开始找人赞助建设一套用于演示的电报系统。

当有人向国会提议沿纽约到新奥尔良一线建造查普式电报塔时，摩尔斯认为他等待的时机到来了。当时，财政部部长要准备一篇题为《论在合众国建设电报网络的适当性》的报告，并向其他政府部门和相关人士征求意见。摩尔斯热切地进行了回复，阐述电流电报的种种优势，并指出他已经通过长达 10 英里的导线成功地传递了信息。他申请财政部提供资金建造一套演示设备，以证明他的发明可以在长距离上有效工作。

1838 年，摩尔斯带着他的设备来到了华盛顿，并安排了一次面向政府官员的演示，但是这些人并没有被说服。原因显而易见：摩尔斯将他的设备安放在一张办公桌上，接收和发送设备彼此距离不过几英尺，中间堆放着一大卷导线，而且他关于点、划和电码的说辞听起来似乎跟传送信息的关系也不大。此外，此时的国会似乎已经对电报计划失去了兴趣。

1838 年到 1839 年，摩尔斯来到了欧洲推广他的发明，并打算在当地申请专利。在英国，他与库克和惠斯通终于交手了，当事实证明在他们二人的反对之下，摩尔斯不可能为他的发明获取英国专利时，他就将阵地转移到了欧洲大陆，并在那里花了好几个月的时间寻求支持，可惜他的努力依然是无果的。

库克和惠斯通也只是比摩尔斯幸运一点点而已。库克的父亲与弗朗西斯·罗纳德关系不错，而罗纳德的电报实验早在几年之前就遭到过英国海军部的拒绝。所以，库克心知肚明，如果他一心只向不列颠政府推介他的新发明，那么恐怕他也将一事无成。于是，库克走了一条与前人不同的道路，他盯上了一个被遗漏的商机：铁路公司。1837 年，库克和惠斯通向伦敦—伯明翰铁路公司的高层们成功地展示了他们的设备的工作情况，之后就在尤思顿和卡姆登镇火车站之间修建了一条电报试点。试点全线长达一又四分之一英里，且运行良好。电流电报的发展前景似乎一片大好。乐观的库克甚至规划出了一个连接伦敦、伯明翰、曼彻斯特、利物浦和霍利黑德的宏大蓝图，而这一电报网络有朝一日将要服务于全体公众。但是，铁路公司的热情却忽然冷淡了下来，并称"目前没有进一步推广的计划"。

库克转而投奔了大西部铁路公司，大西部同意在帕丁顿和西德雷顿之间修建一条十三英里长的电报线路，采用的还是五针电报机设备。没过多久，布莱克沃尔铁路公司也在伦敦的码头区修建了一处小型的电报站。据传，当时发生了一个小事故，电报机的导线断掉了几根，导致五根指针中有三根不能正常工作，但是操作员很快就临时拼凑出了一种新的电码，只要多操作几次指针的偏移，用两根指针照样能把消息传递出去。不管过程如何，我们确切知道的是，库克和惠斯通很快就意识到了没有保留五根指针的必要，也就是说，改动后的新设备要用的导线将会更少，建造的成本也会大幅削减。

然而，在两位合作伙伴间，关于谁是电流电报机的主要发明人的争执开始浮出水面。最终，他们决定采用一种更绅士的方式彻底解决这个问题：两名当事人共同的朋友将会组成一个委员会，再由委员会对争议的事项作出仲裁，而两人对仲裁结果都要无条件地接受。1841 年 4 月，仲裁员们圆滑地提出了一个两方都能接受的折中理论："库克先生是电流电报机当之无愧的独立引进者和推行人，整个国家都应该感激这位绅士的贡献；然而惠斯通教授意义深远的科学实验，为公众接受电流电报机作为实用设备奠定了思想基础，他是这项事业中公认的科学伟人。"换句话说，委员会拒绝做出倾向于任何一方的裁决。几乎没过多久，两人的口角之争就又开始了。

与此同时，库克计划扩展大西部铁路的电报网，但是公司似乎已经丧失了兴趣。所以库克提出由他自己来运营这条线路。库克与铁路公司达成协议，他将负责修建一条延伸到斯劳的电报线路，总长 18 英里，使用双针电报机，并且会对公众开放；铁路公司将被允许免费使用这一线路。到此时，库克已经挥霍了他父亲数百英镑的财富了，而回报却又微乎其微。"1843 年年初，我们已经跌入了沮丧的谷底。"他事后在回忆录中写道。

　　摩尔斯一无所成地从欧洲返回美国，此时国会在电报计划上仍没有丝毫进展，而他的合作伙伴盖尔与威尔则开始担心自己是否押错了宝。但是，摩尔斯固执地拒绝放弃。在写给威尔的一封信中，他说电报机推广的失败"不是这项发明的问题；也不能归咎于我的懈怠"。1842年12月，他独自来到国会，打算为取得资助进行最后一搏。这一次，他把发送和接收设备分别安置在国会大厦的两间会议室里，然后开始来回地发送信息——不知为何，这次竟有不少人开始相信他了，最终，一张3万美金的支票被签发出来，用于修建一处电报线路的试点。

　　但并不是所有人都被说服了。摩尔斯在议会旁听到，来自田纳西州的议员凯夫·乔纳森嘲讽说，与其支持这个，国会还不如开始给催眠实验拨款。另一个怀疑者则开玩笑道，只要催眠实验的对象是乔纳森先生，那他就不反对。在众人的哄笑声中，一项将3万美元中的一半提供给著名催眠大师费克思先生的修订议案被提出了。值得庆幸的是，这项补充议案被驳回了，两天之后，原议案以89票比83票的微弱优势通过了审议——这也反映出了当时还有相当一部分人认为电流电报不过是一场精心策划的骗局。另外，还有70名议员投了弃权票，因为他们"不想承担把公款花在一台他们理解不了的机器上的责任"。

尽管摩尔斯拿到了经费，他还是要克服人们的怀疑心理，而这并不容易。他再次架起了设备，安排了一场通过5英里长的导线卷传递信息的演示会，并邀请所有肯出席的议员进行见证。但这次他还是没能使他们信服。演示中，他发送了"印第安纳州的布朗先生在这里"的消息，然后走向接收设备，骄傲地举起了用点和划将这条消息拼写了出来的纸带。"不行啊，这说明不了任何问题。"一名旁观者低声说。"我说这也太禁不起推敲了！"另一个说。印第安纳州的参议员奥利弗·史密斯事后回忆道，"仔细观瞧摩尔斯的面部表情，想要看出他到底是不是神经错乱了……而且，在我们离开房间之后，其他参议员都表示完全没有被说服"。

摩尔斯决定无论如何都要推进他的计划，首先是在华盛顿和巴尔的摩之间建一条40英里长的线路。这两座城市之间已经有铁路相连了，摩尔斯获批在铁路沿线安装电报缆线。巴尔的摩—俄亥俄铁路公司对这个计划非常怀疑；他们同意建设的前提是"不会让公司的管理层难堪"，此外，仅仅是为了以防万一，他们要求一旦这项发明真的有用，他们要享有免费使用的权利。

1844年的春天，国会任命了一名观察员，约翰·W.柯克，对"不切实际，也有可能是彻底疯狂"的摩尔斯以及他的"愚蠢"发明进行监督。但是尽管刚开始时和其他人一样充满怀疑，柯克很快就设计了一个方案，能够验证这些点和划到底是不是等同于有用的信息。共和党的国民大会将于 5 月 1 号在巴尔的摩举行，尽管当时电报线路还没有完工，但是已经可以涵盖从华盛顿到巴尔的摩周边 15 英里的距离了。如果能快速地将国民大会上被提名的候选人名单传送回来，摩尔斯就能证明他的发明的价值了。

　　名单一经宣布，就立即被火车送到了巴尔的摩城外 15 英里处的临时电报站台，威尔已经在那里等待。他随即把名单发送给了身在华盛顿的摩尔斯，而此时摩尔斯所在的火车站周围早就聚集了一大群人。摩尔斯向人群宣布了拿到的名单，64 分钟后，由巴尔的摩驶来的第一班火车确认了名单是准确的——就连那些最坚定的怀疑者也不得不被迫承认错误。

　　华盛顿—巴尔的摩一线很快就完工了，1844 年 5 月 24 日，摩尔斯正式为其揭幕，在华盛顿最高法院的会议室里，他向身处巴尔的摩的威尔发送了一条电报："上帝所做之功"。电流电报机创造的奇迹被报纸报道了出来，而摩尔斯也似乎已经胜券在握。

　　然而没过多久，摩尔斯就发现，人们还是只把电报机当做一个新奇的玩意，是报纸上报道的用于茶余饭后消遣的小道消息，而远不是他所设想的一场革命性的新的通讯工具。

在英国，库克此时已将帕丁顿—斯劳电报线的使用权特许给了一位赞助商——托马斯·霍姆。霍姆打算向公众展示电报的功能。一则用于推广这次展示的广告很能说明当时的人们是如何看待电报的，"文件即时传送，内容完全保密，"它写道，"可通过电报预约接站驿马及其他交通工具，样式自选，帕丁顿车站及斯劳车站均有服务。"当时的早报则评论道，这次展示"所有对科学奇迹感兴趣的人不容错过"。即时传送信息仅仅被当成了科学奇闻，而不是一项实用的通讯方式。正如那则小广告指出的，"送信员二十四小时待命，如有需要，可将电报传来的消息送达伦敦、温莎及伊顿各处。"但是通讯只被看成了一项附属的功能。

1844 年 8 月 6 日，在成功传送了维多利亚女王于温莎诞下次子阿尔弗莱德·欧内斯特的喜讯后，电报机声名鹊起。皇家正式发布消息还不到 40 分钟，登载这一新闻的《泰晤士报》就开始出现在伦敦的大街小巷之上，并宣称，报纸之所以能如此迅速地得到消息，"要感谢电流电报机的卓越功能。"足足有三车厢的领主和贵族坐上了由伦敦开往温莎的列车，前往参加皇家的庆祝舞会，借此电报机再一次证明了它的价值：惠灵顿公爵忘记了随身携带晚礼服，于是他给伦敦发了一封电报，要求仆人乘下一班火车将礼服送来。万幸的是，礼服及时送到，公爵没有错过皇家舞会。

　　对于电报机来说，另一个里程碑式的事件是它被用于抓捕弗尔多·迪克——臭名昭著的小偷以及他的同伙。他们的惯用伎俩是混在拥挤的火车站，从人群里抢包后迅速跳上火车逃走。在使用电报机之前，没有比一辆全速开动的火车更快的通讯方式，所以他们总能顺利的逃脱。然而，帕丁顿－斯劳沿线的电报线路可以在火车到达之前提示下一站的警员提高警惕。

　　更为著名的是，在1845年1月3日对约翰·托厄尔的抓捕中，电报机再一次大获成功。托厄尔在斯劳谋杀了自己的情妇，当他的罪行被人发现后，他开始向伦敦逃亡。他身着一件深棕色的怪异大衣。对他的速写，"打扮得像一名教友会信徒(kwaker)"（正确的拼写是 qwaker，但是库克和惠斯通设计电报机的字母表里没有"q"），通过电报发送到了伦敦火车站。在他有机会消失在人群中之前，警察当场逮捕了他。"可以看出，"《泰晤士报》事后报道道，"如果没有电流电报机在帕丁顿和斯劳的高效援助，现在已经被关押起来的犯人有可能还没有被抓到。"托厄尔随后被定罪并判处了死刑，而电报线则多了"吊死托厄尔的绳索"的名声。

　　上述情况引发了托马斯·霍姆创作新广告的灵感。这次，他是这么描述电报机的："大量游客认为这一发明是我们的伟大城市中最为新奇有趣的事物。前来参观者的名单包括数位欧洲的王室成员，以及几乎整个英格兰的贵族家庭。"霍姆无疑设计出了好几种演示电报机功能的新路子，充分地利用了它遏止犯罪的才能："参观者提出的问题将会被装备传送出去，并将由 20 英里之外的人迅速做出回答，如果需要的话，短短时间之内，此人还会在 20 英里外敲响钟声或点燃爆竹。在它的协助之下，凶手被及时逮捕，小偷被迅速通缉，而最后，意义更为重大的是，在几次性命攸关的事故中，电报机及时通知了医务人员带来必需的药物。这一伟大发明的重要价值已经人所皆知，任何其他的溢美之词都已经是多余的了"。再一次，电报机可以用于在伦敦和斯劳之间进行通讯的潜在用途被埋藏在了小广告最后一行的角落里。

在美国，摩尔斯和他的伙伴面对着同样兴趣寡淡的人群。尽管华盛顿－巴尔的摩电报试点是免费的，大多数人还是满足于前来看看热闹，围观一下当时顶级的棋手分别在两座城市里通电报对弈。但是人们并不认为电报机对他们的日常生活有什么重要意义。"他们什么都不说，也没有热情，更不在意是否真正理解了电报的原理，他们不过是想要能跟其他人说自己已经看过了这个东西"，威尔向摩尔斯抱怨道。

没过多久，巴尔的摩的宗教人士就对这一新技术产生了质疑，对他们来说，这东西有点太像黑暗巫术了。于是他们通知了巴尔的摩的操作员亨利·J. 罗杰斯，让他警告威尔，"如果继续这么搞，我们将受到伤害，而不是得到帮助"。充分了解到公众支持的重要性，他们决定停止毫无意义的跨城国际象棋比赛，暂将电报机的使用限制在国会事务上。

1844 年 6 月，摩尔斯重回国会，敦促将电报线路由巴尔的摩拓展到纽约。他向众议院汇报了几则展示电报实用价值的案例。比方说，一个华盛顿的家庭，听流言说他们住在巴尔的摩的亲戚去世了，于是请摩尔斯帮忙验证消息是真是假。花了不到十分钟的时间，他们就得到了回复：传言完全不实。另一个例子是，一个巴尔的摩的商人向华盛顿银行发了一则电报，以核实一个给他开支票的人的信誉。但是国会在做出决定之前就夏季休会了。直到同年 12 月，摩尔斯再次上书众议院，指出电报站越多，能发挥的功能就越大，并倡议在全国所有主要城市间建设电报网络。

他再一次举出了华盛顿－巴尔的摩电报线发挥作用的例证，在一个类似于约翰·托厄尔的案件中，同样是由于提前拿到了华盛顿警方用电报传来的对罪犯的速写，巴尔的摩的警察在第一时间抓捕到了刚下火车的逃犯。到此阶段，国会已经开始通过电报将会议议程发送给巴尔的摩的报纸，一两个眼光独到的商人也开始使用电报。但是再一次，什么都没有发生。

摩尔斯开始对政府的冷漠感到心灰意冷，并转而投向私人企业家。他与曾经当过政客和记者的阿莫斯·肯德尔联手，任命肯德尔为代理人进行商业运作。肯德尔提议由私人出资，沿着以纽约为中心的重要商业线路建立电报网，摩尔斯和其他专利持有人占公司50%的股份。1845年5月，磁力电报公司成立了，到了当年秋天，从纽约到费城、波士顿、布法罗，西到密西西比的电报线已经投入了建设。

与此同时，邮政部长凯夫·乔纳森，也就是那位在两年之前嘲笑过电报机议案的议员，认为政府从华盛顿–巴尔的摩电报线上赚回出资的时候到了。他提出了每四个字母一美分的收费标准，并在1845年4月1日，正式将电报线向公众开放。这是一场赔本买卖：在开始运营的前四天，总共就收入了一分钱。一个身边只带有一张二十美元钞票和一美分零钱的男子走进了华盛顿电报站，并要求进行一次演示。于是威尔给他提供了一次价值半美分的服务：他向身处巴尔的摩的罗杰斯发送了数字"4"，这是"现在几点了"的缩写，而对方的回复，数字"1"，是"现在1点了"的缩写。鉴于两座城市间并没有什么时差，这甚至谈不上是一场让人印象深刻的展示，而这位顾客连半美分的找零都没要就走了。

在运营后的第五天，电报赚了12.5美分，到了第九天，收入缓慢提升到了1.04美元——仍然谈不上是大买卖。三个月之后，电报线总共收入了193.56美元，但运行的成本却高达1859.05美元。国会决定彻底与电报撇清关系，把线路交给了威尔和罗杰斯，他们同意自负盈亏运行线路。从这一先例来看，肯德尔对电报网的乐观态度似乎有点毫无根据。

但是肯德尔知道自己在干什么。在下一年1月，磁力电报公司的第一条线路，纽约－费城线建成了，肯德尔在两座城市的报纸上都刊登了广告，宣布将于1月27日正式开业。电报的收费被定在了每25美分发10个单词上。

开业头四天，收入就达到了惊人的100美金。"如果你仔细想想，"公司的财务主管写道，"就会发现这项生意相当平淡，我们当时对公众没有信心，而且头两天我们一直在拖延，费城那边也因为管理不善而失去了很多机会，所以看到前四天的战果时我们都非常满意。在一个月内，我们就达到了稳定的日收入50美金的状态。"

在英国，库克也同样时来运转，赢得了一场重大的胜利：他竟然说服了海军部签订在伦敦和朴茨茅斯间建设一条88英里长的电报线路的合同。毫无疑问，他既然能够说服海军部，那他就可以说服任何人。这条线路的成功带来了更多商机，在伦敦和其他重要工业中心、曼彻斯特、伯明翰和利物浦之间建立电报网的倡议得到推行——这一网络明显具有商业价值。库克还和更多的铁路公司签了约，数百英里的线路很快处在了兴建之中。

　　抓捕托厄尔的事件吸引了约翰·里维斯·李嘉图的注意，他既是国会成员，也是一位杰出的金融家。他从库克和惠斯通手里买了一部分电报机的专利权，这笔钱还清了库克的债务，也对这项专利给出了高达 144000 英镑的估值。在 1845 年 9 月，库克和李嘉图成立了电力电报公司，公司出资买下了库克和惠斯通的全部专利权。

　　在大西洋的两岸，电流电报机终于迎来了发展的上升期。

第四章

震颤的电流

"我们是一体的！"
不同的国家在宣言，
紧握彼此的双手，
通过震颤的电流，
大陆和大陆相连。

——选自《胜利之歌》，一首为致敬塞缪尔·摩
尔斯而创作的诗歌，1872 年

"现代发明之中，还没有一件能像电流电报机一样，如此
迅速地发展和扩大影响，"1852 年出版的《科学美国人》中这
样报道，"唯有电报机工作的速度可以与之比肩。"

电报网的拓展确实是爆炸式的；它增长得如此迅速，以至
于几乎不可能及时记录下它的发展规模。"没有一张电报线路
建设图的可信度可以持续一个月以上，"一位作家在 1848 年抱
怨道，"因为在这段时间里，可能又有数百英里的线路已经建

好了。可以预见，用不了两三年，全美人口较为密集的地区就都要爬满蜘蛛网一般的电报网络了。"

狂热很快取代了疑虑。这项在 1845 年还被称为"稻草人"和"假想的巨兽"的技术，已经开始被当做"可靠的侍从"，一份由亚特兰大—俄亥俄电报公司在 1849 年起草的报告中这样记录。"架设电报线路再也不是实验项目了。"1850 年的《密苏里政治家周报》宣称。

电报的爆炸式发展在美国最为显著，虽然在 1846 年起步时还只有摩尔斯建的那条实验线路，华盛顿和巴尔的摩之间短短的 40 英里。两年之后，线路长度就扩展到了约 2000 英里，及至 1850 年，已经有 20 家公司运营的 12000 英里电报线路投入运营。在 1852 年的美国统计年鉴中，电报工业占据了 12 页的篇幅。

"（美国）电报系统的发达程度要远胜于世界其他国家，"统计年鉴的主编写道，"遍布合众国南北的无数线路已经在全力工作。"光是以纽约为起点向各地延伸的线路就多达 11 条，通过这些线路，有些银行每天要发出 6 到 10 条电报，有些公司则一年花在发电报上的费用就高达 1000 美金。此时，全美已经建成了 23000 英里电报线路，另外还有 10000 英里处在建设之中；从 1846 到 1852 这六年间，电报网络的体量增长了 600 倍。

"在我们国家，随着线路的延展和设施的建设，电报已经发展到了发信数量几乎能与邮件匹敌的程度。"劳伦斯·特恩布尔在他 1852 年出版的书籍《电磁电报机》的封面上写道。每天都有数百条信息在主要线路中运转，而这说明了，"电报已经成为了极其重要的商务交流媒介。每一天，它都在进一步投入使用；每一天，它实用的程度都在增加。" 特恩布尔写道。

而电报机优越于传统通讯方式的最生动的例证发生在几年之后。1861 年 10 月，横贯美利坚、直达加利福尼亚州的电报线路终于建成。在此之前，美国东西部之间唯一通讯上的连接是一家叫作驿马快信的公司，受雇于此公司的邮递员骑马接力，一站一站地把信件投递出去。像威廉姆·"水牛城比尔"·科迪，和"种马鲍勃"·哈斯拉姆这样充满传奇色彩的人物，要用大概 10 天的时间在密苏里州的圣约瑟夫和萨克拉门托等城市间跨越 1800 英里，最终才能把邮件送到。而沿线的电报站一经建成，消息几乎立即就能传达到目的地，驿马快信也随之倒闭了。

在英国，电报网同样发展得不错，但没有美国那样迅猛，人们对大西洋彼岸的狂热势头多少感到有些茫然。"摩尔斯教授发明的美式电报机，在用途上远比我们的电报系统要广泛得多，"一位英国作家写道，语气中没有反感的意味，"它被用于银行家、商人、议员、政府官员、经纪商以及警察之间的交流；双方事先约好同时在两座电报站碰头，或者一方发电报邀请另一方前来；新闻，选举的信息，讣告，询问家人健康的问候，

1861 年，横贯美国大陆的电报网建成，线路与驿马快信邮政公司经营的范围一致，导致这家靠邮递员骑马送信的快递公司很快就被淘汰了。

参议院和众议院的日常决议，商品的订单，船只抵达的讯息，法庭上审理的进展情况，召唤证人的通知，特快专列时刻表，邀请函，钱款的发收情况；要求债务人还钱，医师进行会商，以及各种之前通过邮件来传达的消息，现在都可以用电报解决了。人们对电报网络的效率充满信心，最为重要的商务交流每天都在通过电报进行，哪怕双方相隔数百英里之远。"

在英国人的观念中，正如老式的观感电报机是由皇家海军专用，新式的电流电报机被认为与铁路相关。1848 年，全英国近一半的铁路都有电报线与之并行。1850 年，英国已有了 2215 英里长的电报线路，但电报事业真正的起飞还是发生在接下来的一年里。随着其他有竞争力的企业进入这一领域，理查德和库克的电力电报公司的统治地位走到了尽头，1851 年的万国博览会上，13 种不同设计的电报设备在伦敦参展，助燃了市场对此项新技术的浓厚兴趣。这些发展极大地震动了电报这一新兴产业，让它终于得以从铁路的影子中走了出来。

　　电报在其他国家发展的也很不错。到了 1852 年，普鲁士的电报线路以柏林为中心，共延伸 1493 英里。特恩布尔对世界各国电报网的建设情况进行了调研，他发现，不同于在电线杆之间架设电报线，"普鲁士人将电报线埋在地下的做法可以避免线路遭到恶意破坏，也更不易受到雷击的伤害。"奥地利有 1053 英里电报线，加拿大有 983 英里；在托斯卡纳、萨克森、巴伐利亚、西班牙、俄罗斯以及荷兰，也有已经建好的电流电报系统，而澳大利亚、古巴、智利的瓦尔帕莱索地区则正在建设之中。随着电报网在各国迅速铺开，不同电报设备和电码的设计者之间展开了激烈的竞争，这项技术也随之逐渐成熟完善。

　　特恩布尔很高兴地看到，电报机的神奇力量居然能唤起"昏睡的"印度人，让他们也开始修建电报系统。他对法国人稍显无礼，称他们"在电报事业上的进取心劣于绝大多数其他欧洲国家。"这个观点毫无依据，因为法国人不仅发明了电报，"电报"这一称谓也是由法国人提出的。但是他们在观感电报机领域的领先地位反而成了一种羁绊，法国人不愿意为了新技术而放弃旧有的成就。法国作家弗朗索瓦·莫格诺，汇编了一部讲述法国电流电报系统发展情况的专著，其中记录道，1852 年法国的电报线路总长只有 750 英里左右——即便这样，他还谴责，正是它们要为旧式观感电报机的消亡负责。

发送和接收消息——在 19 世纪 50 年代初期被戏称为"拍电报"——很快就成为了很多来自世界各地的人的日常生活中的一部分。但是由于电报收费高昂，只有富人才能用来发些鸡毛蒜皮的小事儿；大多数人都只用电报发送紧急消息。

想要发送消息，首先要找一家电报公司，填写一份包括收件人邮局地址和具体信息的表格——文字要尽可能的简练，因为发信息是按字数和距离收费的。内容写好，表格就会被交给电报操作员，由他将信息发送出去。

电报线从大城市的中心电报站辐射状向外延伸，每一条线路都会途经几处地方电报站，中心电报站之间也有线路连接。每一处地方电报站都只能和与自己同一条线路的其他电报站，以及线路终端的中心电报站通讯。也就是说，同一线路上的电报站之间可以直接地传递消息，但其他的则需要先将消息发到中心电报站中转，然后才能通过电报网络传递到最终的目的地。

消息一经抵达，就会被抄写在一张纸片之上，并由信童直接送到收信人的手中。如果收信人想要回复，信童就会把回信带到电报站；有些电报公司还会给提前预付回信费用的顾客提供打折优惠。

男孩儿们都希望加入信童的行列，因为这往往预示着更好的发展前景。信童的职责之一就是每天早上打扫电报站的操作间，这就给他们提供了在设备上小修小补，以及学习电报技术的机会。托马斯·爱迪生，钢铁巨头及慈善家安德鲁·卡内基都是从信童开始了自己的传奇生涯。"那个年代的信童有很多乐趣，"卡内基在他的自传中写道，这部自传满是他对当信童时的愉快回忆，"有时会给水果批发店送信，如果腿脚勤快，信送的及时，说不定就会收到一口袋苹果的奖励；有时还会给蛋糕店和糖果店送信，在那里有可能拿到点心，也有可能会遇到和蔼的长者，让孩子的心中充满敬意；这些人称赞孩子的机敏，也许还会让他带个回信。我不知道有任何其他场合更能让一个男孩儿成为吸引他人注意的焦点，而这样的机会，对于真正聪明的人来说，已经能够提供足够多的发展机会了。"

尽管电报机来回发送消息，与今天的电子邮件十分类似，但是它的实际运行更像现在的网上聊天室。电报操作员不仅仅是把信息发来发去；他们有时还要与其他站点取得联系，确认消息是否准确，核实信息是否送达。在使用摩尔斯电报机的国家里，经验丰富的操作员很快就学会了通过听电报机发出的咔哒声来接收信息，而不是读纸带上留下的点点划划。这又很快成为接收信息的标准方式。人们更愿意通过电报进行社交了，而一种新的电报行话也很快出现。

与其将每个单词都一个字母一个字母地费力拼写出来，电报员通过简化的缩写进行交流的习俗产生了。这种简化没有单一的标准：不同的电报线路上产生了不同的方言和习惯。一张在1859年汇编的常用缩写清单上，可以看到"i i"（点点，点点）被用来代表"我准备好了"；"g a"（划划点，点划）代表"去吧"；"s f d"代表"来用晚餐"；"g m"代表"早上好"。这种方式使得电报两端的操作员可以像坐在同一间屋子里一样相互致意，以及应对常见情况。数字也被用作了简化代码：1是"等一会儿"；2是"马上回复"；33是"回信费用已支付"。一条支线上的所有电报站都共用一条线路，所以任何时刻都有好几名操作员同时在准备接受和发送消息。线路不忙时，他们也可以聊天，下象棋，或者讲笑话。

尽管不同于其他电子通讯的方式，电报不需要发消息的顾客拥有任何特殊的设备——或者懂得如何操作——但对于不熟悉它的人士而言，电报仍会带来困扰和迷惑。关于电话机有个真伪难辨的故事：一个女人想要给自己的丈夫送番茄汤，于是直接把汤倒进了电话筒里，有关电报机的这类故事更是多不胜数，可以看出当时人们对这项新发明的困惑和误解。

一篇名为《电报机的奇怪概念》的文章列举了几种奇思怪想，"一个自以为是的万事通号称，电报线是中空的，传递消息的纸带会被从中吹走，就像豆子穿过射豆枪一样。而另一个这样的家伙则认为，电报线是会说话的软管子。"还有一个内布拉斯加的男子把电报线当成了走钢丝用的钢索；他守着线路仔细观瞧，生怕错过"背着信篮的人从电报线上跑过来"。

　　还有一次，一个缅因州的男子走进了电报局，填写了发信息的表格，并要求立即送出。电报操作员通过摩尔斯电码把消息发送了出去，然后把表格挂在了"已发送"的钩子上。看到写着消息的纸片还在钩子上挂着，这个男子就以为消息还没有发出。又等了几分钟之后，他问电报员道，"你到底往不往出寄啊？"操作员解释说他已经寄出去了。"你没寄，"这人说道，"它现在还在钩子上面挂着呢。"

　　另一则故事是有关一位普鲁士的妇女的，1870 年，她拎着一篮子酸黄瓜来到了电报局，并要求把东西寄给她在前线作战的儿子，当时普鲁士和法国正在打仗。电报员费了很大力气来说服她电报不能传送东西。但这个女人坚称她听说过士兵被电报派到前线。"那为什么电报可以把这么多士兵送到法国呢？"她反问道。

　　正如一篇杂志上的时文所说，有关电学的行话在当时引起了很多误会，因为这些行话大都是给现有的词汇赋予了新的涵义。"因此，当说起电流沿导线传播、导线和电流传送消息时，讲述者以为人们能够明白他的意思，他是用水流从一处流向另一处，来描述和形容消息从一处传送到另一处。"但是，当有一个小女孩向她的母亲提问，想知道为什么消息能够"通过电线杆但又没有被扯破"时，母亲回答道，"它们是以液体状态传过去的，亲爱的。"

　　而且当时人们大都相信消息在通过电线传输的时候是可以被听到的。根据 1848 年出版的《电报逸闻》记载，"有一则谬论流传甚广，乃至于部分有识者亦信以为真，所谓风过电线所发如竖琴般哼唱之声，系由电报所传之消息引起。"关于这一传言还有个小故事，据说，在卡茨基尔山电报站上，当地人问电报员工作是否顺利，"非常好"，电报员回答道，但当地人并不买账，"是吗？我看不是那么回事吧，我都已经三、四天没听到一个字传过来了。"

　　在接收站，对电报的转译和誊写也往往让人困惑。一个打算寄电报的女子在填完表格后说道，"我得重新抄写一遍，我可不想让 M 太太收到这么不整洁的电报。"另一个女人收到了她儿子向家里要钱的电报，但她坚持说自己可没那么好骗；我认识我儿子的笔迹，她说道，而这张电报，肯定不是出于我儿子之手。

　　随着电报网在各国铺开，建立国际电报网络的优势日益突显了出来。第一个互联协议是在 1849 年 3 月签订的，缔约国为普鲁士和奥地利，两国约定在维也纳和柏林之间互通电报。这一安排并不以效率为重；两国并没有修建一条跨越国境的电报线路，而是成立了特殊的联合电报站，分别由两国电报公司的代表组成，各自与本国的电报网联络。当需要从一国发消息到另一国时，办公室这头的电报员会将内容抄录下来，然后亲手交给办公室那头的邻国电报员，再由他将消息转送出去。

普鲁士和萨克森、奥地利与巴伐利亚之间很快也签订了类似的协议。1850年，四国成立了奥－德电报同盟，用于管理日常事务并规范电报制度。下一年，摩尔斯电报被确立为奥－德电报同盟使用的标准设备。没过多久，法国、比利时、瑞士、西班牙和撒丁岛之间也签订了互联协议。但是如果英国也想加入到迅速扩张的欧洲电报网络的话，他们还有一项重大阻碍需要克服，那就是英吉利海峡。

事实上，在电报发展初期，人们就已经开始试验水下电缆发送电报的可能性了。惠斯通在威尔士进行过尝试，他成功地将信息从船上发送到了灯塔里，早在1840年，他就提议修建跨越英吉利海峡的电报站。但是，那个时候电报在陆上短距离通讯中还没有普及，更不用提跨海峡通讯了。

摩尔斯也实验过水下电报。1843年，摩尔斯把导线用橡胶包裹起来，并装入铅管之中，然后通过水下电缆将消息从纽约港的总督岛传送到了古堡花园。他还成功地利用了水作为导体，具体方式是将金属板浸入河水的两岸，并分别与电报线相连。（同年，在阿尔伯特王子的观摩下，惠斯通也于泰晤士河完成了类似的实验。）无论如何，摩尔斯对实验结果十分满意，尽管只是在几英尺深的浅水之中，但凭借着坚定的乐观精神，他相信用不了多久横跨大西洋的电报线路就会建设起来。

然而，对于跨海峡电报的倡导者来说，他们还需要解决实实在在的技术难题。将橡胶包裹的电线装入铅管，对于纽约港来说还是可行的，但是铺设一条横穿英吉利海峡的管道就完全是另一码事了。而且，如果想让电缆在海底正常工作，就必须找到一种替代橡胶的方法，因为橡胶在水中很快就会老化。

一种解决方案是使用古塔胶。古塔胶也是橡胶树脂的一种，来源于东南亚热带雨林里生长的古塔树。古塔胶有一种特性十分合适，那就是它在室温下凝固，但浸入热水后会变软，而且能够塑造成各种形状。维多利亚时期的人使用古塔胶，有点像我们今天的人使用塑料。玩具娃娃、象棋子，还有助听器，都是用古塔胶制成的。尽管这种材料价格昂贵，但却是保证电缆线绝缘的不二之选。

选择何种绝缘材料的问题一经解决，约翰·布雷特——一名退休的古董商，和他的弟弟工程师雅各布，决定着手在英法之间修建一条电报线路。他们取得了英国和法国政府的许可，然后从伦敦古塔胶公司预订了用6.3毫米厚古塔胶包裹的电线。他们的计划技术含量低到令人惊讶：他们打算开船出海，然后将盘卷在船尾的电报线一圈一圈放开（电报线的粗细和现代家用电线差不了多少）。然后他们计划将海峡两端的电报设备连接起来，而他们的公司——被宏伟地命名为大洋与海底电报公司，就能正式开张了。1850 年 8 月 28 日，他们将全部电线卷成一大卷，放置在一艘名为巨人号的小型蒸汽拖船的船尾，开始向法国进发了。

然而事情的发展并没有按计划进行。首先，缆线过于纤细，以至于无法沉入水底；它只是可悲地浮在船身后的水面上。布雷特兄弟的解决方式是在缆线上等距离夹载重物，使电缆沉下去。到了傍晚，他们抵达了法国加来附近的盖格里斯内斯。就在那里，他们架设起了电报机——最新款的自动印刷型电报机——然后开始等待从英格兰发来的第一封电报。结果传来的内容像是醉汉的胡言乱语。

电缆其实是可以工作的，但是由于浸泡在水中，缆线的导电性发生改变，传递来的信号也变得混乱不堪。这对于当时的人来说还是尚未被掌握的知识。简单点说，由于导线浸在水里，电脉冲变得舒缓了，而布雷特兄弟的全自动高速电报机发送信号极快，以至于信号发生了重叠，内容也就模糊不清了。但是，通过使用老式的单指针电报机，他们最终成功地手动发送了几条信息，就好像牧师在有回声的教堂里布道的时候，必须要说得缓慢又清晰，这样才能被人清楚的听到。然而，仅仅是第二天，电缆就被带向了水淋淋的终结；一位法国渔夫在撒网时刮到了缆线，他想看看这里面裹得是什么，于是从上面剪了一段下来。

渔夫得出结论，认为这是一种前所未见的海藻，芯儿里面是一点点金子，他还把剪下来的那段带给了他在布伦的朋友看。

布雷特兄弟花了整整一年时间，才再次凑齐了制作电缆的费用，而如果他们没有得到工程师托马斯·克里普顿的帮助的话，他们的第二次尝试很可能也会是失败的。托马斯不仅自己拿出了所需的 15000 英镑的一半，而且还设计了新的电缆。他想要保护他的投资，于是新的电缆被设计成由四条古塔胶包裹的导线缠绕而成，外面是一层浇过沥青的麻绳，最外面再是一层浇过沥青的铁线。这比第一根电缆要结实得多，重量更达到了前者的 30 倍。这就意味着缆线将更难安放——问题不再像第一根那样是会浮起来，而是由于这根电缆实在太重了，它从船尾沉入水中的速度比布雷特兄弟预想的要快多了。事实上，情况发生了难以掌控的变化，在小船抵达法国之前，电缆就全部用完了。还好，他们准备了一段备用的缆线，并随后接在了原来的电缆之上。于是，1851 年 11 月，经过几星期的测试，英法电报对公众开放。1852 年，有了第一封由伦敦直接发送到巴黎的电报。

英法电报的成功引发了海底电缆电报的大繁荣——这对古塔胶公司的股东们来说是个意外之喜。由于在古塔胶供应上的垄断地位，他们忽然发现自己躺在金矿之上。跨水域连接电报的问题似乎得到了解决：只要确保电缆绝缘，足够结实，不会轻易破损，重量可以保证沉底，而且电报信号不发得太快就可以了。没过多久，多佛和奥斯坦德就通电报了，而经过两次失败的尝试之后，英格兰和爱尔兰也在 1853 年互通电报了。北海深处的电缆更是将英国和德国、俄罗斯以及荷兰的海岸线连接起来了。约翰·布雷特很快就把眼光转向了连接欧洲与非洲，在 1854 年，他成功地将科西嘉岛和撒丁岛连到了热那亚。但在下一年，他连通非洲北海岸的尝试失败了，因为这次他不得不在地中海海床最深也是最多山的部分铺设电缆。这一次布雷特赔了很多钱，而他的失败也说明了海底电缆电报还是存在局限的。连接欧洲和北非的愿望似乎可望而不可即。

第五章

布线全球

大西洋电报——在旧世界和新世界之间传递思想
的信息高速公路。

——《科学美国人》，1858 年

建立横跨大西洋的电报网是摩尔斯等人在 19 世纪 40 年代
就提出过的概念，但是，这一想法在当时看来，就像我们今天
讨论时光机和星际旅行一样，还纯属天方夜谭。到了 50 年代，
人们还普遍认为这可能永远都无法实现——当然了，如果一旦
能够实现，还是会很有用处的。

想要铺设穿越大西洋的电缆，其困难是非常明显的。"想
象一下，在大西洋的深处，一条鲨鱼或剑鱼的鳍部正在刺穿电
缆的绝缘层，导致两岸神话般的通讯中断达数月之久，"一位
怀疑者写道，"更何况，你又能把潮汐怎么样呢，它们可是无
数巨轮残骸和遇难者遗体的制造者，即便假如你能将电缆铺在
海底最浅的位置，即便是那样，你的电缆就真的安全了吗？"

没有一个哪怕对电报技术略知一二的人，会傻到想要修建横跨大西洋的电报网；此外，这还是一桩耗资巨大的工程。所以，当第一个吃螃蟹的人——塞勒斯·W.菲尔德，被发现其实既对电报一无所知，又富可敌国，也就没什么好让人惊讶的了。菲尔德来自新英格兰，他白手起家，通过纸张贸易积累了大量财富，在33岁就光荣退休了。在到处旅行了几个月之后，他偶遇了一位英国工程师——弗雷德里克·N.吉斯伯恩，正是此人向他介绍了电报行业。

1853年，吉斯伯恩铺设穿越圣劳伦斯湾的海底电报缆线、连接纽芬兰与美洲大陆的计划失败，他正急于给自己下一步的尝试寻找赞助。其实，他的计划还算合情合理：既然跨大西洋电报在技术上和资金上都不可能实现，那么退而求其次，将纽约和纽芬兰东部的圣约翰岛连接起来也不错。欧洲来的邮轮可以在圣约翰岛停靠，船上的信息将在这里通过电报发往纽约，这样一来，通讯所需的时间将会减少数日。

问题是，按照吉斯伯恩的计划，他们铺设电缆的路线不得不经过几处全世界最寒冷、最不适宜生存的地带。尽管有四名当地导游带路——其中两个半路逃跑了，还有一个死于途中——他还是不得不在仅仅完成了几英里的铺设之后就放弃了。所以，1854年2月，当他拜访菲尔德时，吉斯伯恩希望的是说服对方电报行业值得投资。事实证明，他确实做到了，因为按照菲尔德的兄弟亨利回忆，和吉斯伯恩的会面刚刚结束，菲尔德就"找到了书房里的地球仪，开始把它翻过来看。"菲尔德很快就倾心于一项更宏大的计划——横跨大西洋的海底电缆电报。纽芬兰将只是他宏伟蓝图的一小部分。

菲尔德对于处理好相关的商务事宜很有信心，在大举投资之前，他想要先确认没有技术上的难关阻碍他的大业。他给摩尔斯写了一封信，询问建设从纽芬兰到欧洲的海底电缆电报的可行性。与此同时，他还给当时美国最著名的航道学者马修·方丹·莫里写信咨询。莫里通过整理数百艘船只的航行记录，绘制了在当时最为精确的大西洋航海图，所以他是对铺设电缆的路线做出建议的合适人选。说也奇怪，莫里的航海图显示，纽芬兰和爱尔兰之间的海床上恰有一处高地，正好可以"支撑海底电缆，并能保护其不受损伤。"摩尔斯，一直希望他对跨大西洋电报的构想能够实现，也对这一计划表示了支持。没过多久，菲尔德就重新召集了吉斯伯恩的队伍，并着手开始了对穿越纽芬兰电报线路的建设。

经过了两年半的努力，纽约－圣约翰岛电报网终于完工了。此时，菲尔德已经开办了纽约、纽芬兰及伦敦电报公司，他的下一步计划是到伦敦，为大西洋彼岸的电报网建设摇旗呐喊。在伦敦，他与布雷特相遇，后者积极地想要参与进来；摩尔斯当时也在伦敦，正在组织一次重要的实验。摩尔斯将位于伦敦和曼彻斯特之间的十条电报线路连接了起来，每一条线路都长达 200 英里，经过实验，他成功地在这条回路上将电报信号发送了出去。这就意味着，电报可以通过 2000 英里长的电缆传播，这一结果为菲尔德和布雷特在伦敦建立的新公司赢得了足够的资金支持。

大西洋电报公司横空出世，菲尔德更是说服了美、英政府前来支持他的计划；两国政府将会向他们提供年度津贴，以及铺设海底电缆所需的船只和补给，作为回报，大西洋电报将免费为政府提供服务。按照公司新任命的首席电力工程师爱德华·奥林治·怀尔德曼·怀特豪斯的精密安排，这条长达 2500 英里的海底电缆正式投入建设了。唯一的麻烦就是：怀特豪斯完全不堪重任。

建设全世界最长海底电缆的任务被交给了怀特豪斯这个外行，如此安排本身就说明了，在过去 20 年中，有关电报的基础科学进展有多么缓慢。怀特豪斯最初是一名外科医生，电报方面的知识都是他自学的——而且他所知的也实在不多。在某些领域，实践经验和理论知识一样宝贵，但是怀特豪斯两者都不具备，尽管他已经花了好几年的时间进行电报装备的实验。菲尔德本人就对技术一窍不通，他喜欢怀特豪斯轻视理论、坚持自己实验结果的劲头。鉴于菲尔德是这项工程的老大，外科医生坐上了首席电力工程师的位置。而怀特豪斯在接下来的工作中，几乎把电缆设计面临的全部问题都搞错了。

尤其是，根据他的实验结论，发电报应该使用巨大的电磁感应线圈产生的高压电，而导线的直径则应该尽可能缩小。怀特豪斯声称，"大幅增加导线的尺寸并不能显著改善电流传导的效果。"不幸的是，在这两方面怀特豪斯都大错特错。让事情更糟的是，菲尔德已经承诺过大西洋电报公司将在1857年底开始运行，因而怀特豪斯不得不仓促行事，生产电缆的工序一赶再赶，以致其中的几段连怀特豪斯制定的标准都满足不了。

尽管如此，1857年7月，跨洋电缆还是被铺设到了大西洋的海底。这条电缆有半英寸粗细，每英里重达一吨。由于当时没有船只可以承载2500吨的电缆，它的一半登上了蒸汽护卫舰尼亚加拉号——美国海军中的明珠；另一半则由不列颠舰船阿伽门农号装载。两艘舰船，在两只护卫船队的陪同下，向爱尔兰西南部的瓦伦西亚湾进发，那里被选为最适合电缆上岸的地点。按照计划，在舰队西行的过程中，尼加亚拉号先将它的那一半电缆铺在海中；及至大西洋正中，阿伽门农号的另一半将与之连接，然后完成余下的行程。然而，船队出发没有几天，行驶的路程还不到350英里，跨洋电缆就拦腰折断，永远沉入了海底。

菲尔德花了好几个月的时间筹资，才凑够制造新的电缆线以及第二次远征所需的花销。来年的6月，船队重新启程，这次采用了新的铺设计划：两艘舰船将从大西洋两岸出发，在大西洋的正中汇合，将两段跨洋电缆连接起来，然后分别向相反的方向行驶并铺设电缆。在理论上，这一方案能将所需时间缩减到原来的一半。在经历过一场严峻的风暴之后，两方舰队终于在大洋中间点集结成功，两段电缆合二为一，然后分别驶向了对岸。其间，跨洋电缆断裂了两次，这两次它们都驶回了汇合地点，重新连接。阿伽门农号在旅程中还遭遇了一头鲸鱼。当跨洋电缆第三次折断时，船队驶回了爱尔兰，在重新进发前补充必需品。终于，他们的第四次征程取得了成功，阿伽门农号顺利抵达了纽芬兰，尼亚加拉号顺利抵达了瓦伦西亚湾，在它们之间，长达 2050 英里的海底电缆铺设了起来。1858 年 8 月 5 日，跨洋电缆正式登陆。有史以来，欧洲和北美洲的电报网络第一次连接了起来。

接下来的庆祝活动近乎狂热。在波士顿和纽约，数百支枪鸣枪致敬；建筑之上旗帜飞舞；教堂里也敲响了钟声。到处都是烟火、游行以及教堂庆典活动。在纽约，手举火把的庆祝者们忘乎所以地狂欢，以致不小心引起了火灾，险些把市政厅彻底烧毁。

"我们整个国家，"《科学美国人》称，"都被大西洋电报的成功'电'了一把。"根据一位作家的记载，纽约 8 月份的报纸"除了对大西洋电报的致敬外，几乎就没什么其他的内容。

1858 年 8 月，阿伽门农号在架设跨洋电缆的第一次征程中遭遇了一头鲸鱼。好在鲸鱼和电缆都没有受到损伤。

这确实称得上一场全国庆典。"

菲尔德很快就被祝贺声淹没了——"赞美如同雪崩般降临"——作为回应，他也写了一封感谢信，在信中他感谢了所有对大西洋电报有过帮助的人，就像一段超长的奥斯卡获奖感言。通过大西洋电报，维多利亚女王与美国总统詹姆斯·布坎南用叙事诗般的语言相互致意，其中，布坎南总统是这么描述跨洋电报的，"一场最为辉煌的胜利，因其带给全人类的福祉，远胜任何征服者在战场上取得的伟绩。"

此外，致敬者们还写了不少极其糟糕的赞礼诗歌。

大功告成！愤怒的大海也平静了，

隔绝从此不再有，

大陆和大陆手牵手，

国家与国家心连心。

加油电报，电报加油，奔跑吧

给地球围上了爱的腰带，

直到太阳之下的所有国度，

都在火炉边围坐，亲如兄弟。

　　不用说，牧师们在《圣经》中也挖掘出了有关电报的内容，其中著名的有，"他的准绳（line）通遍天下，他的言语传到地极"（《诗篇》19 章），以及"你能发出闪电，叫它行去，使它对你说，我们在这里？"（《约伯记》38 章）

　　纽约的珠宝制作商蒂芙尼，买下了剩余的电缆线，每四英寸切成一段，作为纪念品出售。多余的电缆还被制成了雨伞柄、拐杖以及怀表链，当然，这些都是纪念品。"任何庆祝，凡是用来表达公众的欢欣鼓舞的，似乎都不显得过分。"亨利·菲尔德在一本关于他哥哥的传记中如此写到。

　　为了迎合人们对有关电报的一切突如其来的兴趣，讲述电报的建造和工作原理的书籍被匆忙赶印了出来。"大西洋电报的建成，这一刚刚被实现的无与伦比的伟大成就，已经引发了最为狂烈的公众热情，这是近代史中任何其他事件都无法比拟的，"查尔斯·布里格斯和奥古斯塔斯·马弗里克在他们匆忙编纂的大部头——《电报的故事》中写道，"铺设跨洋电报的工作被认为是，最为名副其实的，本世纪最伟大的事件；现在，这一伟大工作已经完成，整个地球如同系上了通着电流的腰带，并随着人类的思想和情感悸动不已。这显示了，对于人类来说，没有什么再是不可能的。"

在伦敦，《泰晤士报》将铺设跨洋电缆与发现新大陆相提并论："自从哥伦布发现新大陆以来，还没有一件成就，在扩大人类活动的范畴上，能够与大西洋电报相比。"另一种常见的情感，也被《泰晤士报》清楚表达了出来，就是大西洋电报使得英国和美国的民众重回一体："大西洋干涸了，我们在事实上如愿成为了一个国家。大西洋电报已经把1776年独立宣言瓦解了一半，不管我们是否愿意，两国已经再次合一。"当时有一条流行的标语用来说明电报的作用，就是"把火枪变成了烛台。"的确，当时人们普遍认为，包括布里格斯和马弗里克，遍布全球的电报网络可以带来世界和平："当人类创造出如此杰出的工具，使得全世界所有国家都可以自由地交流彼此的想法，陈旧的偏见和敌意将不可能延续下去。"

跨洋电报被认为无异于奇迹；的确，它居然跌跌撞撞地成功传出了几条信息，这已经是个奇迹。这条电缆如此不稳定，以至于它花了一周多的时间才把第一条消息传递了出去，而传送维多利亚女王给布坎南总统的那则消息则花了 16 小时 30 分钟。电报系统对公共交通部门的正式开放被一再推迟，而商业信息更是在两边的电报站都堆积如山。与此同时，真相还处于保密之中：海底电缆电报的可靠性正在持续恶化。及至同年 9 月 1 日，它最终完全停止了工作，此时距离完工还不足一个月。

　　大西洋电报宣告失败的新闻引发了强烈抗议，更不用提人们的尴尬情绪了。有些人甚至开始声称这事儿从头到尾都是个骗局——跨洋电报从来就没建成过，这一切都是菲尔德为了在股票市场上大赚特赚而精心设计的谎言。"大西洋电报到底是不是欺诈？"《波士顿快递》中的一篇文章质疑道，并且暗示说维多利亚女王发给布坎南总统的消息是提前好几个星期通过普通邮寄传递过去的。为了平息公众的愤怒，大西洋电报公布了所有接收过的信息的誊本。内容读起来没什么意思，但却非常有说服力——大部分信息都夹杂在"你能收到吗？"和"如果能收到请说一声"之中，可以看出两边的电报员多么绝望地希望与对方取得联系。第二年，另一桩由英国政府主持的高调的电报冒险——跨越红海直通印度的海底电缆计划，也以失败告终。这一次，鉴于他们花费的乃是公款，英国国内普遍要求进行一次公开调查。

很快，8名代表组成的联合调查委员会就组建了起来，其中4名来自大西洋铁路公司，4名由英国政府选派，惠斯通教授就在其中。连续数月，调查委员会每天听取证词，既听专家的意见，也听普通证人的意见，试图弄清长距离海底电缆电报的底细。这次调查的明星证人是格拉斯哥大学的自然哲学系教授威廉姆·托马森，正是他为海底电缆电报提供了当时最为坚实的科学基础——而这一次，他的主要对手，就是大西洋电缆的总设计师怀特豪斯医生。

由于之前怀特豪斯"恰巧"在出海铺设电缆的船队启程前病倒了，托马森教授在关键时刻临危受命，代替他履行了这一职责。尽管托马森对怀特豪斯设计的电缆持严重怀疑态度。托马森已经在就海底电缆领域进行过大量的基础理论研究工作，而他提出的经过科学方法验证的测量数据，更是在委员会面前完全碾压了怀特豪斯的薄弱证言。托马森解释道，怀特豪斯不单单将导线的内芯设计得过于纤细，更为致命的是，他使用的高压导电线圈会逐渐破坏电缆的绝缘性，这也是它最终完全失效的根本原因。

还有更加糟糕的，怀特豪斯甚至拒绝服从上级的指示，从他的表现上看，似乎大西洋电缆存在的全部意义就是满足他个人的科学好奇心。当一种新型的高敏感度电流测量仪器——镜式电流计，被证明比他自己设计的自动接受仪更加适用于大西洋电报时，怀特豪斯勉强同意了使用新仪器——但事后他坚称，最终收到信息的是他自己的仪器。这样的做法让托马森教授——镜式电流计的发明人，更加反感怀特豪斯的为人。

被怀特豪斯激怒的大西洋电报公司的董事们，最终将他解雇。作为反击，怀特豪斯立即就发表了一部名为《大西洋电报》的自传，藉此保护自己岌岌可危的声誉。这部传记的记述极端片面，完全是怀特豪斯的一面之词。为了给自己和他有缺陷的理论辩护，怀特豪斯指责身边的每一个人。他把自己树立成了为科学而与无知和无能者斗争的战士形象，他指责电缆的制造商，指责铺设电缆舰队的船员，而他最为严厉地指控的，是塞勒斯·菲尔德和其他大西洋电报公司的官员，他声称，正是这些人阻挠了他进行更为全面的测试。他公开谴责托马森有关电流的新理论，称其如同"科幻小说"，还取笑他的镜式电流计不切实际。怀特豪斯自信满满，确信他对电报的理解要远远胜过其他的所有人，他甚至还对摩尔斯电码进行了"改良"。此外，他还自认为想到了一个绝妙的新点子——将单词进行数字编码的代码书，显然，他没有意识到，这个方法早在好几年前就被查普和摩尔斯双双抛弃了。

托马森向调查委员会提交的证词，以及《工程师》杂志发表的针对怀特豪斯的公开抨击，迅速击垮了怀特豪斯的声誉，如同他的高压导电线圈毁掉海底电缆一样容易。至于大西洋电报公司，本该因为仓促赶制电缆而承担一部分过错，此时则顺水推舟，把失败的责任稳稳地堆在了怀特豪斯的门口。只要怀特豪斯一走，公司辩称，之前的错误将永远不会被重演。与此同时，托马森已经展示了他在海底电报方面的理论功底；1864 年，跨越波斯湾的海底电报建成，使用的就是低压电和高灵敏的镜式电流计，它的成功不仅将印度和欧洲连接了起来，更进一步验证了托马森的理论。这一次，跨洋电报的问题似乎真的得到了解决，而菲尔德也再次筹集到了建设新大西洋电报的资金。

新电缆的制造要远比上一次更为小心。遵照托马森教授的意见，导线的内芯直径大幅增大；电缆本身也被设计得更易于浮起，以减少因自身重量而扯断的可能。即便这样，跨洋电缆的总重还是十分惊人，当时全世界只有一艘船能够承载它的重量，那就是大东方号，由伊桑巴德·金德姆·布鲁内尔设计，当之无愧的全球最大的轮船。事实是，大东方号已经成为了商业上的累赘，它的巨大船身本应带来规模效应，但是由于管理不善和接连的霉运，它几乎没给股东赚到过一分钱。然而，大东方号却是铺设海底电缆的绝佳之选，1865 年 6 月 24 日，电缆被分成三段，分别卷成巨大的鼓状后装载到了船上。大东方号开始向瓦伦西亚湾进发。

一个月之后，爱尔兰段的电缆铺设完成，大东方号向西横穿大西洋，继续沿途将电缆沉入海中。电缆定期接受测试，一旦出现问题，马上中断行程，轮船返航，海里的电缆被拖上来重新检查，直到有问题的部分被发现为止。不幸的是，8月2日，此时大东方号已经横穿了大西洋的三分之二，在这样一次剪接操作的过程中，电缆拦腰折断，很快消失在海浪之中，直沉入了两英里深的洋底。船员试图用多爪锚和简易的钢绞线打捞电缆，但是每次电缆被拉到海平面时，钢绞线都会断裂。最终，大东方号不得不调转船身，向欧洲返航。

尽管这次尝试失败了，为第三条跨洋电缆筹资却并不困难；至此，大西洋电报公司在铺设海底电缆方面积累了如此之多的经验，下一次努力似乎必然会取得成功。更重要的是，在装备了合适的器材之后，菲尔德确信能把上一根电缆打捞起来。第二年，在一个极其不祥的日子，7月13日，星期五，大东方号拖曳着一条新的电缆，再一次从瓦伦西亚湾出发。这次它采用了改进过的放电缆的方式。两周之后，船只无惊无险地抵达了纽芬兰，跨洋电缆正式铺设完工。欧洲与北美再度相连。

人们对跨大西洋电报的需求相当旺盛，以至于在它开业的第一天，就令人震惊地赚到了1000英镑。又用了不到一个月时间，大东方号成功定位了去年沉入海底的旧电缆，将它从两英里深的海床上打捞了起来。经过连接和加固，没过多久，就有了两条能够正常工作的横跨大西洋的电缆电报线路。著名工程师约西亚·拉提莫·克拉克，给怀特豪斯宣扬的高压电理论来了个致命一击——他将两条电缆线路相连，仅仅使用一枚小小的电池和托马森的镜式电流计，就成功地将一条信号在整个线路中来回传送了一遍，从爱尔兰到纽芬兰，再从纽芬兰回到爱尔兰。电缆电报终于征服了大西洋。

这一次，没有人再怀疑大西洋电报是一场骗局了。托马森教授被封为爵士，国会一致同意向菲尔德表示感谢，并奖给了他一枚特制的金牌。惠斯通和库克也受到了褒奖，而弗朗西斯·罗纳德，这个在半个世界前就提出了发展电流电报的原创计划却遭到海军部拒绝的先行者，也终于收到了姗姗来迟的感谢。（托马森后来被加封为开尔文勋爵，科学家使用的温度计量单位就是以他的名字命名的。）

在终于证实了这一次跨洋电报不会虎头蛇尾之后，新一轮的大肆宣传和热情赞扬马上就又开始了。1866 年 11 月，在纽约商会以致敬菲尔德的名义举办的宴会上，菲尔德被称为"我们这个时代的哥伦布……通过跨洋电报，他将新世界和旧世界牢牢地拴在了一起。"他毕生的事业——大西洋电报，为赞誉为"人类文明最高尚的成就。"

大西洋电报带来的收入也相当丰厚，1867 年，菲尔德就还清了债务。同年，两条电缆中的一条被冰山损坏，停止了工作，但在几周之内就又修理好了。没过多久，对海底电缆的维修和维护工作也已经被当成了家常便饭。

1868 年 12 月，另一场宴会在纽约的德尔莫尼利饭店举办，这次他们致敬的是摩尔斯教授，称他"在信息通讯的领域里，彻底消灭了时间和空间的限制。大西洋的宽广无垠和咆哮的巨浪，在他的眼中如无物。"

跨洋电报的成功，受到了很多充满感情的赞美，异曲同工的是，英国大使爱德华·桑顿在一次祝酒中，强调了电报在缔造和平方面的重要潜力。"对于实现和平来说，还有什么比国家与国家之间，个人与个人之间，持续以及完整的相互交流更为重要？"他问道。"蒸汽动力是科学为我们提供的第一束橄榄枝。而现在它带给我们了另一束橄榄枝，而这次将会更加有效——那就是电流电报，一个人，只要能找到一家电报站，就能立即与身在世界各地的同伴进行交流。"另一次祝酒中，他说"电报线是国家间交往的神经元，它会传递重大活动的消息，消除导致误解的原因，在世界范围内宣扬和平与和谐。"

电报的惊人魅力是否没有极限呢？好吧，事实是局限当然存在。就在电报网络的触手开始跨越大洋之际，其中的部分线路开始变得异常拥堵，以至于电报存在的根本原因——迅速传递消息——开始受到动摇。随着业务量的增加，电报处于极大的危险之中，那就是，成为自身巨大成功的受害者。

第六章

蒸汽推动的信息流

人们对电报的需求不断的上升；电报站的身影已经遍布全球所有的文明国家，乃是社会福祉的绝对必需之品。

——《纽约时报》，1872 年 4 月 3 日

实现信息的快速交流一度是不可思议的创举。但是，和今天使用电子邮箱的我们一样，一旦过惯了通讯便利的日子，就很难再忍受推延和迟误了。就像电子邮箱还会遭遇偶尔的停电和系统故障，19 世纪 60 年代的电报网络，随着业务量的迅速增长，开始受到信息拥堵的困扰，而大城市中的主要电报中转站，更是长期处于超负荷运行的状态。

问题在于，大多数电报不是直接从离发信人最近的电报站发送到离收信人最近的电报站的，而是要经过一个甚至更多的中转电报站，每次中转都要重新抄录信息，再重新发送出去。在忙碌时，一个电报站所接收到的信息要远超于它能及时处理

的数量。于是，信息无法立即传达，反而被抄录在小纸条上，堆积在电报站里排队等候。

伦敦电报网的有些部分就已经相当拥堵，信息延误已经引起了商界的普遍不满。《笨拙杂志》在1863年登载了一组漫画，其中两位绅士正在为电报网络的可悲现状而哀叹不已。"看看我们生活的时代，"一个抱怨道，"现在六点钟了，我们住在舰队街，而这条电报是昨天下午三点从牛津广场发过来的。"（舰队街和牛津广场的步行距离还不到半个小时。）类似这样的事情，很可能会逐渐削弱公众对于电报的速度和效率的信心。

有些电报公司雇佣信童，将成捆的信息从一家电报站送到另一家——通常两者之间只有几百米的距离。如果每次运送信息的数量够多，这种方法就比转发电报要快捷，但这么一来，更难激发公众对于这项新技术的信心了。相反，人们会觉得，电报不过是美化过的、更加昂贵的邮政系统。另一方面，由于繁忙线路上的业务量忽高忽低，变化极大，简单地增设电报线路和招募操作人员也并不实际；如果在业务平静期要处理的信息量很少，高收入的电报员将会无所事事。在那些业务量容易突发性激增的线路上，必然要找到一种方法，可以经济、高效地解决信息拥堵的问题。电报领域需要注入新鲜的血液——而且来得要快。

在伦敦，信息拥堵最早发生在 19 世纪 50 年代初期，那时候，过半数的电报与股票交易相关，另有 1/3 左右是商业信息，只有不到 1/7 是关于"家务事"的。换句话说，电报的主要用途是在股票交易所和全国各地之间传递时效性很强的交易信息。因而，股票交易所的电报站和中央电报站之间，虽然只有 200 米之遥，却比其他任何线路都要忙碌；而且，在这条线路上，信息的价值就依赖于传递的及时。

电力电报公司的工程师约西亚·拉提莫·克拉克（后来，正是他的实验证实了怀特豪斯关于大西洋电报的理论是错误的），致力于解决这一问题，并提出了一个十分激进的方案。他建议，制造一条蒸汽动力的气动管，用于将电报纸由从股票交易所电报站传递到中央电报站。由于发出去的信息都将由管道解决，电报线路则可以专注于接收信息，这样，需要传送的信息量就会显著降低。

克拉克最初在 1853 年将这一想法付诸实践，等到了 1854 年，两家电报站之间一条直径为 1 英寸半的密封管道已经被埋入地下。管道一次最多能携带五条信息。信息写在电报纸上，然后再塞进一只圆柱形小盒中，而这只小盒，也是用万能的古塔胶制成的。每只小盒前方都有一片毛毡缓冲垫，以防止古塔胶融化，盒子外还包裹了一层皮革，因为在每秒 6.2 米的高速运行之下，与管道内壁的摩擦可能导致盒身变得火烫。在中央电报站的地下室里，一只 6 马力（1 马力约为 735 瓦特。——编者注）的蒸汽机在管道口制造局部真空，每隔半分钟，就能从股票交易所那边吸来一只小盒。即使小盒不是每次都会装满，这种方法也比使用电报快多了，因为电报发送一条信息就要一分钟的时间。盒子一经抵达中央电报站，电报纸的信息就会按照以往的正常方式，发往各自的目的地。最初的气动管是单向的，因为大部分信息都是从股票交易所发出到全国各地。空下来的盒子则由信差送回交易所。

克拉克的第一根气动管道还远远不够完美，小盒经常会被卡住，但是，公司对它的价值深信不疑。及至 1858 年，第二根地下气动管道正式建成。这次，管道的内径扩大了（5.7 厘米），连接着明辛街和中央电报站，总长达到 1 英里。这一改良过的管道由一只 20 马力的蒸汽机运作。新管道的运行十分成功，没过多久，公司就决定将它改造为双向操作。

一只密封的铅制"真空储存罐"被安置在了明辛街上一栋房屋的地下室里，体积为 $3 \times 3.6 \times 4.2$ 米^3。这样，就没有必要在管道两端都安装蒸汽机了。然而，有一次，装电报纸的盒子卡在了管道中，导致真空罐中的气压下降，最终引发了爆炸。伴随着一声巨响，爆炸点上方的房间和院墙塌毁了。根据当时的报道，"房主正在隔壁房间用餐，突然之间，地面倾斜了，他的餐桌、晚饭、铰链扭断的屋门，还有他自己，都开始滑向爆炸声传来的房间方向，而那里已经是狼藉一片。"经历过这次事故，电报公司开始使用压缩空气将盒子推出管道，而不再使用局部真空了。

到了 1865 年，业务量的增加促使电力电报公司扩展它的伦敦管道线路，并开始在利物浦、伯明翰，以及曼彻斯特安装管道系统。同年，柏林也开始使用类似的系统，巴黎则是在 1866 年开始借鉴的，没过多久，维也纳、布拉格、慕尼黑、里约热内卢、都柏林、罗马、那不勒斯、米兰、马赛也都有了气动管道网络。其中，最为雄心勃勃的设计是在纽约建成的，那里的气动管网络将曼哈顿和布鲁克林的多数电报站都连接了起来。这一系统甚至可以传送小型包裹，有一次，管道甚至将一只猫从一家电报站送到了另一家。

及至 1870 年，内径 3 英寸的管道已经成为标准配置，配套的小盒最多能装 60 片电报纸，尽管通常都不会装满。根据伦敦方面汇编的数据，一条内径 3 英寸的管道所能实现的效果，与 7 条电报线路上 14 名操作员日夜不停地工作基本相当。管道在应对业务量的突发性上升方面也很有效，比如，1870 年 6 月，战争狂热席卷伦敦之时，电报业务量飙升到平时的两倍，也是靠着管道系统维持了电报的正常运行。

然而，对于气动管道系统来说，管道阻塞是一件痼疾。通常都是使用爆破空气清理管道的——尽管，真正严重的阻塞意味着不得不刨开路面。在巴黎，有时会向管道里射击，记录下从开枪到盒子被打中的时间，用这样的方式计算出发生阻塞的位置。另一方面呢，裂缝，就更难定位了；比较常用的方法是，放出一只拴了线绳的盒子，然后记录下线绳前进速度开始放缓的位置。

尽管气动管系统最初是用于在不同电报站之间传递信息的，很快地，它也被应用在大型电报站内部了。这些大型电报站，每一个都是巨大的信息处理中心——到处都是电报线和气动管，数百名工作人员在其中忙碌，而他们唯一的目标就是，接收信息，搞清楚这条信息是要发到哪儿的，然后进行相应地处理。

大型电报站的布局往往是精心设计而成的，以便于信息的传递尽可能的快捷高效。比较典型的做法是，来自同城的气动管和电报线处在一层，而连接外地的电报线处在另外一层。这样安排，在必要时给特殊繁忙的线路增派人数和设备，就加更方便了。当然，如果这家电报站有国际线路的话，也会单独安排一层。

通过电报或管道接收到的信息都会被放到每一层的分拣台，然后通过大厦内部的气动管道分送出去等待中转。比如说，1875 年，伦敦的中央电报站，就在三层楼上安装了 450 台电报设备，内部由 68 根启动管道连接。纽约的电报总站，坐落在百老汇 195 号，也有气动管道连接不同的楼层，但他们还是会雇佣"接待女孩"在它巨大的操作室里递送信息。大型电报站还会有印刷室、医务室、维修车间，分开的男士餐厅和女士餐厅，地下室里还会有大量电池用以支持电报设备的运行，以及气动管所需的蒸汽发动机。操作员轮班工作，以保障整个系统昼夜不停地运转下去。

就拿一条从伦敦的克拉肯威尔发往伯明翰的信息来说。在它递交到克拉肯威尔的电报站之后，电报纸会被通过气动管道传到中央电报站，在那里，它会抵达专门处理来自伦敦各处信息的"大都会"楼层。在分拣台上，它会被认定为一条需要中转到其他城市的信息，然后会被通过气动管道发送到"跨省"楼层，在那里它将被通过城际电报发往伯明翰。一经抵达伯明翰的电报总站，它就会被气动管道转到离收信人最近的电报网店，然后由一名信差送到收信人手中。

对于发明第一台电报的先行者法国来说，他们在使用气动管道时有自己的创新。遍布全世界的气动管道系统中，巴黎发展的最为成功，到了 19 世纪末期，接收和发送气管已经成为了人们日常生活的一部分。和其他大城市的气动管道系统一样，巴黎的管道系统也十分密集，很多本地的信息仅通过气动管就能从发信人送到收信人手里，过程中完全不需要使用电报。在这种情况下，发信人手写的信息真的会直接送到收信人手里——

这就意味着，发送长信息和发送短信息没什么实质的区别。

于是，1879 年，一项新的定价政策被宣布了出来。对于由巴黎气动管道系统传递的信息，无论信息长短，都将收取同样的固定费用。比邮局更加快捷，又比电报更为便宜，这一系统为在巴黎本地传递消息提供了一种便捷方式。尽管，这一服务也是由国家电报公司提供的，而且官方上仍被认为是电报。

信息是写在一种特殊的电报卡上的，这种电报卡可以提前购买好，发电报的费用已经包含在内。内容写好后，可以直接投放到传统邮筒旁边的小邮筒里；可以递交到邮局里的电报窗口；也可以投在有轨电车后身的邮箱里，这些有轨电车，会在抵达终点站之后卸下邮箱里的电报件。一旦进入系统，信息就会通过气动管道被传送到距离目的地最近的电报站，然后由一名信童送到收件人手里。一条信息在抵达终点之前，可能都要经过好几处中转；每次中转，都会在电报卡上留下此站的日期戳，所以运转的路线是明晰的。（今天的电子邮件在这一点上也没什么不同，通过标头就能看出在邮件在互联网上运转的准确路径。）这种信息不能带有附件，所有违反这一规矩的信件都会被转入传统邮政服务，并按邮政标准收取费用。

这一商业模式取得了巨大的成功，仅第一年，电报网络的运载量就翻了一倍。为此，电报网络的建设进一步拓展了，而且，在接下来的好几年里，电报都被亲昵地成为"小蓝"，因为电报卡就是蓝颜色的。

　　到了 19 世纪 70 年代初期，维多利亚时代的互联网已经初具规模：这是一个由电报网络、海底电缆、气动管系统和跑腿的信差组成的大杂烩，但它却能在几个小时之间就将信息传递到地球的另一端。全世界都在铺设电缆。1868 年，马耳他和亚历山大港连接了起来，1869 年，从法国直通纽芬兰的电缆建设完成。1870 年，电报网络延伸到了印度、中国，还有日本；1871 年，澳大利亚正式接入，1874 年，南美洲也加入了电报网。

　　反观 1844 年，摩尔斯建设电报网络之初，那时不过有几英里的电报线，而传送信息，比如说，从伦敦到孟买，要花上 10 周的时间。在不到 30 年的时间里，人们铺设了超过 650000 英里的电报线，以及 30000 英里的海底电缆，20000 多城镇和乡村完成了"上线"——用电报在伦敦和孟买之间来回传递一次信息，所需时间还不到 4 分钟。"时间的存在已经被电报抹除了，"《伦敦每日电讯报》宣称，这份报纸的名称本身，就是为了给人留下及时传播最近新闻的印象。全世界，正在以前所未有的深度和广度，全面而迅速地收缩变小。

　　摩尔斯最初在华盛顿和巴尔的摩之间建造的电报线，可谈不上一笔能赚大钱的生意；但是电报网络上的分支越多，它发挥作用的范围就越广泛。到了 19 世纪 60 年代末，电报产业，尤其是海底电缆的生意，发展相当繁荣——每一个投资人都期望能从中分一杯羹。"毋庸置疑，对于现今的商业公司来说，最受追捧的商机就是修建海底电报，"1869 年的《泰晤士报》报道道。到了 1880 年，全球海下电缆的长度达到了接近 100 000 英里。

跨洋电报业不断发展，使得在英国本土，和大英帝国外海的各个领地之间，直接建立电报连接成为可能，而不再需要依赖沿线国家的友善。此外，"帝国内部的电报"被认为是加强伦敦对帝国的集中控制的重要手段，还能保护帝国内部的沟通情况不落入外人眼中。结果是，在全球电报网络的一些关键站点中，都有了单独的一套英国网络。

随着越来越多的国家被接入电报网，在大西洋电报建成之时提出的关于和平的言论，被进一步延伸到了全人类。电报将

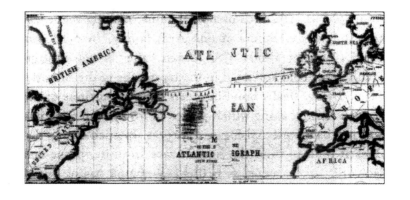

成为世界和平的工具，这一呼声也水涨船高。

"它将全世界连结在一起。它让分离的半球重聚。它使遥远的国家彼此团结起来，感受到自己是大家庭中的一员，"塞勒斯·菲尔德的兄弟亨利写道，"跨洋电缆绝不仅仅是一根铁链，冰冷而了无生气地沉睡在大西洋深处。它是一条生机勃勃的鲜活纽带，连接着人类大家庭那些失散的兄弟姐妹，通过它的脉搏，爱心和情谊将永恒往复地传递下去。如此稳固的链接，会给全人类带来团结、和平与安宁……它就好比是海中仙女，凌波而起，命中注定昭示着和平的降临。"

此外，还有一种对电报缔造和平的力量更为诗意的表达："来自不同国家、不同种族的人类，将要面对面地彼此相见了。他们将会更加了解对方。他们将会有所作为，也会相互影响。他们将分享同样的感受，共同欢笑，也共同悲伤。电的火花才是真正照亮人类心灵的生命之火。人类将会意识到，他们都是手足兄弟，在大地之上传播友善与和平，既是他们的职责，更是他们的权利。"

遗憾的是，全球电报网的社会影响并没有人们想象的那么简单。更好的沟通并不意味着对其他人的观点更深入的理解；新技术改造社会的潜能总是被人们高估，与此同时，新技术带来恶果的风险却往往受到忽略。

第七章

密码、黑客与骗局

应该引进一种简单但又安全的加密方式，这种方式要容易获取，也要便于阅读；通过这种方式，无论何种意图的信息，对于收信人之外的所有人来说，都应该是"密封"的。

——《每季评论》，1853 年

自从人类开始发明创造以来，就有人利用这些发明从事不法之事。"众所周知，没有人比犯罪分子更善于利用科学的最新成就了，"约翰·邦菲尔德——一位芝加哥警员，在 1888 年接受《芝加哥先驱报》的采访时说，"只要有利可图，那些受过教育的犯罪分子就能从每一项新发明上刮到甜头。"电报当然也不例外。它给肆无忌惮者提供了欺诈、盗窃以及行骗的新手段。

早在观感电报机的时代，查普就曾提议将电报用于传递股票市场的信息，但他的建议被拿破仑否决了。然而，等到 19 世纪 30 年代，观感电报恰恰被用于这一用途，而且没过多久，就有人盯住了其中的可乘之机。两个银行家，弗朗索瓦和约瑟夫·布朗，收买了巴黎—波尔多线上，靠近图尔的一处小电报站的操作员。在发送巴黎股市当天涨跌情况的信息时，这个操作员会故意加进去一些可以辨认出来的小错误。通过远远地观察着电报塔上指示臂的变化，那些对于其他人来说不过是偶然出现的失误，对布朗兄弟来说，则意味着先于他人了解到股市的状况，且又不会被人看到与同伙接触。这个阴谋一直持续了两年之久，直到 1836 年才被人揭穿。

电报有战胜距离的本领，想要利用信息失衡的人有了用武之地：所谓信息失衡，就是指特定的信息在某些地方已经众所周知，但在其他地方还不为人知，在这些地方，掌握这一信息就可以牟利。一个典型的例子就是赛马。在赛场之上，比赛结果当场就会宣布，但在发明电报之前，通常要花上好几个小时，甚至几天的时间，赛马的结果才能传到全国各地的庄家手中。也就是说，如果有人在庄家之前得知比赛的结果，然后再去下注就万无一失了。几乎是电报发明之初，就立下了规矩，不允许用电报传送这类消息；但可惜的是，在监管新技术犯罪这场猫鼠游戏中，不法分子往往比立法者要先行一步。

有一则故事就是发生在 19 世纪 40 年代，在德比跑马大赛的当天，一名男子来到了伦敦的肖尔迪奇火车站，声称他把行李和一条围巾忘在了朋友处，而他的朋友，恰巧就在距离赛马场最近的那一站。于是，他给他的朋友发了一条看似完全与比赛无关的电报，请他将行李和围巾送来。之后，他收到了一条回复："你的行李和格子花呢围巾将随下一班列车抵达。"看似无心地提到了"格子花呢"，其实是代指获胜马匹的毛色，毫无悬念，此人在赌马中狠赚了一笔。

可是，其他人在玩同一个花样的时候，就没那么幸运了。另有个男子，在唐克斯特跑马大赛快要结束的时候，也来到了肖尔迪奇火车站。按他的说法，他的朋友要从唐克斯特寄来很重要的包裹，而且是用头等车厢。他想要给他的朋友发一封电报，询问装包裹的车厢的编号。然而，电报员一眼就看穿了他的伎俩，因为不像参赛的马匹，这条线路上的车厢是没有编号的。根据《电报轶事》一书的记载，当他的要求受到质疑时，这名男子立刻就逃跑了，而且露出了"可怕的、鬼怪般的狞笑"。

事实上，这些诡计之中都用到了密码，只是被巧妙地伪装了起来。因为，在电报投入使用的初期，使用密码是不被允许的——除非是政府或者电报公司。

比如说，电力电报公司就"利用神秘符号"将股票价格由伦敦发送到爱丁堡，换句话说，就是利用密码。电报公司利用密码本，将伦敦的股票价格编成密码，发到爱丁堡之后再行破译。在爱丁堡，电报公司将价格张贴在会议大厅中，银行家、商人和经销商们只要交纳一定费用,就可以进入大厅,获取股价信息。在19世纪40年代初,电报网络尚未广泛铺开之前,这种安排对各方来说都还不错;通过将信息传送到几百英里之外,电报公司就是在利用信息失衡,将在伦敦众所周知的信息,变成值钱的商品在苏格兰出售。

既然有利可图,那么不可避免地,一名无良经纪人开始打上了这块肥肉的主意,他想要不交费用,就把宝贵的信息搞到手。此人邀请了两名电报员到酒吧小聚,并且许诺说,只要两人把股价信息私下给他,那么所有相关收益,都给两人若干分成。但是,他后来没有信守当初的承诺,两名书记员与他反目成仇,将他举报到了当局。

这个经典的案例充分说明了,无论密码本身多么安全,人永远是链条上最为脆弱的一环。即便如此,仍然有人前仆后继地想要设计出无法破解的密码。

密码学——摆弄代号和密码——是维多利亚时期绅士们的普遍爱好。惠斯通和他的朋友,查尔斯·巴贝奇(此人试图制造一台机械计算机的失败努力最为出名),都是密码破译爱好者——事实上,可以说是维多利亚时期的黑客。"在我看来,解码是最令人着迷的艺术之一,"巴贝奇在他的自传里写道,"我恐怕在它身上花了过多的时间。"

　　他和惠斯通都喜欢破译登载在报纸的分类小广告里的加密消息——这是当时很流行的年轻情侣间交流的方式，因为不像信件或者电报，将一张报纸带回家里不会引起怀疑。有一次，惠斯通破译了一名牛津大学生和他在伦敦的恋人使用的密码。当大学生发文邀请女友同他私奔之后，惠斯通也用同样的密码登了一则消息，反对私奔之事。女孩绝望之下，登了最后一则消息："亲爱的查理：不要再写了，我们的密码被破解了！"还有一次，惠斯通破译了一封完全用数字密码写成的7页纸的信件，那是200年前查理一世留下来的。他还设计了一种巧妙的加密方式，尽管这种方式通常被称为普莱费尔密码，以他的朋友里昂·普莱费尔命名。巴贝奇也发明了好几种特殊的密码。

　　毋庸置疑，对电报密码的需求是存在的；有一种常见但又未必公道的看法，就是电报没有信件安全，因为在它发送、中转和抄录的过程中，说不定会有谁对其中的内容看上一眼。事实上，大部分的电报员都恪守诚实，但对于隐私的顾虑还是相当普遍的。

　　"人们应该做出努力排除一个重大的难题——关系到使用电报进行私人通信——那就是对保守秘密之权利的侵犯。"《每季评论》——在1853年发文抱怨道，"本来是一个人写给另一个人的知心话，却要被至少半打人把每个字都读上一遍。确实，电报员发誓会保密，但有时候我们写的东西相当私密，完全无法容忍被陌生人读到。这是电报行业的严重失误，必须得到及时纠正。"最显而易见的解决方案是使用密码。

与此同时，关于何时可以使用密码的法规愈加混乱复杂，因为国际电报网络正在建立，而各国相关的规定往往有所不同。大多数的欧洲国家禁止政府之外的任何人使用密码，在普鲁士，甚至有一条法规要求所有电报都要留存备份。还有各式各样的法规，规定电报可以使用哪些语言；任何未经认可的语言都被视为密码。

随着越来越多的国家签订双边互联协议，不同法规引起的矛盾愈演愈烈。终于，到了1864年，法国政府决定是时候整顿一下混乱的法规现状了。主要欧洲国家都被邀请到了巴黎，共同为国际电报进行立法。有20个国家派出了代表参会，到了1865年，国际电报联盟成立了。禁止非政府人士使用密码的法规被废除了；终于，人们可以合法地使用密码发送电报了。毫不奇怪，人们立刻就开始这么干了。

在美国，由于电报网络是由私人公司而不是政府控制的，从未有过禁止使用密码的规定，所以他们发展得较早。事实上，最早的电报密码可以追溯到1845年，当时有两本有关密码的书籍得到了出版，旨在帮助生意人利用电报秘密地进行沟通。

那一年，身为律师和国会议员的弗朗西斯·O.J.史密斯，是摩尔斯最初的支持者之一，出版了《摩尔斯电磁电报的秘密语言》一书。几乎与他同时，亨利·J. 罗杰斯出版了《秘密通信的电报词典——利用摩尔斯电磁电报》。

这两部密码书都不过是对单词进行了数字编号（打个比方，在史密斯的词汇表里，A1645 的意思是"孤独"，而全书中大概共有五千个类似的代码），但是，鉴于在电报发送中，数字往往会引起混淆——电报员更习惯于发送可辨识的文字，而不是毫无意义的一串字符——密码的设计者很快改变了策略，开始用一个单词来代指另一个单词，甚至是一个句子。到了 1854 年，从纽约发到新奥尔良的电报中，有 1/8 是使用密码的。通过当时的一种密码就可以看出，电报往往被用于在紧急情况中传递噩耗，此密码用单独的拉丁单词代表不同的灾难情形：coquarum 代指"订婚取消了"，cambitas 代指"锁骨折断了"，而 gnaphalio 的意思是"请寄来一些轻便的衣物"。

当然了，这些密码其实也没那么神秘，因为每个人都能拿到密码本（尽管有些情况下，可以特制专门的密码本）。但是没过多久，使用这些并不秘密的密码，当时也被称作"商业"代码，其优势很快就显露了出来——那就是省钱。通过使用密码，一个单词可以代替好几个单词要表达的意思，发电报就更便宜了。

对于那些主要考虑安全性，而不是经济实惠的人来说，通常更倾向于加密，虽然编码和解码花费的时间更久（因为被替换的是字母，而不是整个单词），但是破译的难度也会加大。尽管密码和加密让电报用户获益匪浅，但却给电报公司带来了极大不便。密码导致电报公司的收入锐减，因为需要发送的字数减少了；而加密给电报员增添了无限麻烦，因为读取和发送胡言乱语比日常用语要困难得多。

发送乱句带来的问题引起了国际电报联盟（ITU）的重视，所以在制定有关使用密码和加密的新法规时，会议采取的做法是，对于密码电报，如果使用念得出来的单词代替复杂语句，且每个单词都不超过七个音节，就会被按正常电报对待。而对于加密电报（也就是那些胡言乱语），每五个字母按一个单词收费。鉴于电报中所用单词的平均长度要多于五个字母，这就意味着加密电报的收费标准被提高了。

19世纪70年代中，跨洋电报也为电报密码的发展推波助澜，因为虽然电报公司能将信息发送到遥远的国度，但为此收取的费用相当不菲。威廉姆·克劳森－图埃———一位海运经理，发明了ABC密码，这是首个被大量销售的商用密码。它的词汇表总量巨大，都是单独使用某个单词代表一个常用的句子，其优势在发送昂贵的跨洲电报时尤其明显（跨大西洋电报最初的收费是每件20英镑，也就是100美元左右，至少包含10个单词。此费率减半之后又再次减半，但电报公司的利润却提高了，因为低价格吸引了更多消费者。）在商业信息占到九成以上的长途电报中，密码的使用率达到了 95% 以上。

　　密码的使用已经相当普遍，或许为了更加安全保密，又或许因为现有的密码不能满足专业领域的需求，很多公司开发了自己的密码，用于和海外的贸易伙伴沟通。打个比方，烟花制造商德特威勒，设计了一种密码，其中"节日"一词代表着"一箱三只猛犸象鱼雷（烟火名）"。在印度，农业部有一种专门应对气候和饥荒的密码，其中"信封"一词代表着"成群的蝗虫糟蹋了庄稼"。捕鱼业、矿产业、香肠产业、银行业、铁路公司和保险公司都有自己的密码书，而且往往长达数百页，详细列举了各种特定的常用句和情形。

　　比如说，通过使用一种商用密码，接下来的一条冗长消息——"西部地区的普通品牌和名牌面粉均市场低迷，国内贸易和出口需求都不旺盛；卖出 8000 蒲式耳（1 蒲式耳约为 36 升。——编者注）。杰纳西价位为 5.12 美元。小麦，需求相对旺盛，市场坚挺，基本面反应迟滞，有下行趋势；卖出 4000 蒲式耳，单价 1.10 美元。玉米，国外新闻引发市场动荡；没有重大销售业绩。仅有一笔买卖，以 67 美分的单价，卖出 2500 蒲式耳"——可以被缩减为"糟糕、过来、船尾、热切、黑暗、疼痛、位于、缺陷、采用"，仅仅使用了 9 个单词。

　　到了 1875 年，对于商用密码的运用开始有失控之势。有些密码包含奇怪的单词，比如"chinesiskslutningsdon"。好吧，只有 6 个音节——但是完全谈不上容易念，而且有 21 个字母之长。电报公司认为很多人都在扭曲规则。所以，1875年，国际电报联盟试图通过立法的方式，要求每个单词不得超过 15 个字母的上限，来打击上述行为。新政策一阵风一般，刮出了一大批新密码，虽然符合新的规定，但还是会使用"apogumnosometha"这样编造出来的单词（尽管长度确实短了些）。

1885 年，规定变得更加严格。密码电报中每个单词不得超过 10 个字母，而且必须是德语、英语、西班牙语、法语、意大利语、荷兰语、葡萄牙语或拉丁语中真实存在的单词。更有甚者，电报站可以要求发信人提供单词真实存在的证据。再一次地，适用新规定的密码被迅速设计了出来。电报公司试图减少密码使用的每一项举措都被越来越狡黠的密码编译者破解掉了。

然而，到了这个阶段，不仅仅是电报公司，使用者们也认识到了密码电报存在的问题。每一个密码词汇包含的内容如此之多，传送中写错一个字母（或者一点一划），都可能完全改变想要表达的意思。

一件极其生动的案例发生在 1887 年 6 月，弗兰克·J. 普利姆罗斯——费城的羊毛商人，派威廉姆·B. 托兰去堪萨斯，代理购买羊毛的业务。通过一种在现货贸易中广泛使用的商用密码，两人相互发了几轮电报，交流有关交易的信息。但在普利姆罗斯给威廉姆发电报，想要告知他自己已经购买了 500000 磅羊毛时，事情出了大错。在他们使用的密码中，"我已经买了"由"湾（bay）"一词替代，"500000 磅"由"确（quo）"一词替代，所以，"我已经买了 500000 磅各式羊毛"，用密码表达出来就是"湾确各式羊毛"。

　　这条电报在发送中误被写成了"买（buy）确各式羊毛"，可能是因为摩尔斯电码中"a"（点、划）和"u"（点、点、划）之间只有一"点"之差。结果是，托兰收到电报后，误以为普利姆罗斯是在指示他"买 500000 磅各式羊毛"，而他也尽责地完成了任务。等到错误被发现之时，市场已经急转直下，普利姆罗斯因之亏损了 2 万美元。他起诉了西部联合，也就是发送错误信息的电报公司，但是没有得到法院支持，因为他没有要求对信息进行核实——这是一项可以选择接受的服务，但要支付几美分的费用。最后，经过一场漫长的法庭拉锯战，最高法院裁决电报公司退还收取的 1.15 美元电报费。

　　为了预防此类错误，又有新的密码发明了出来，这次，密码词汇排除了特定行业的专业用词，以此来避免混淆，而且密码词汇之间至少要相差两个字母以上。这样，即使在电报发送中弄错了一个字母，也不会有被当成其他密码词汇的风险。专门的查表式密码书也被发明了出来，对于电报纠错很有帮助。

　　然而，少于 10 个字母，且与其他单词至少要相差两个字母

的真实存在的单词数量非常有限，再一次地，密码设计者开始
扭曲规则，故意使用拼错的单词。严格来说，这种做法是不被
允许的，因为密码词汇应该是法定语言中真实存在的单词，但
是密码设计者们也很清楚，电报员不可能知道所有法定语言中
每个单词的拼法。

但是到了 1890 年，国际电报联盟也风闻了这一花招，并且
决定，唯一的解决办法就是对所有可以使用的词汇进行汇编；
使用任何官方词汇之外的单词，都将按加密收费。1894 年，第
一版汇编正式出版了，其中包含 256740 个单词，均由 5 到 10
个单词构成，来源于 8 种法定语言。但是这一版汇编受到了广
泛诟病——尤其是因为相当多的常用词汇被遗漏了。很快，国
际电报联盟又开始了新一轮的汇编，旨在收录数百万的词汇。
但是，无论是印刷数千份如此庞大的汇编，还是让电报员费力
核对电报中的每个词汇，都非常地不切实际，于是这项计划还
是被放弃了。

换句话说，尽管监管的法规时常变化，总有可以绕开规则
的新密码被设计出来。最终，电报用户得到了他们想要的结
果——发送密码电报的权利。

密码电报的一项重要用途是银行使用。通过电报进行资金
划转的安全性令人担忧，这对在线贸易的发展产生了阻碍（"主

要的困难就是存在欺诈风险"，1872 年《电报杂志》发文称），
所以银行开始使用极其复杂的私人密码来确保资金安全转移。
尽管已经有了一套转移资金的规程，但其可靠性不高，且高度
依赖交易双方彼此之间的信任，以及两端电报员的正直。确定
的是，存在对于一个可靠性更高的划款模式的需要，而且如果能
吸引急需用钱的人都来使用电报，将会释放出全新的市场潜力。

　　1872 年，西部联合（当时美国最大的电报公司）决定实施
一套新的安全操作体系，以保证在数百个城镇之间，可以通过
电报划转最高 100 美元的资金。这一计划之下，公司的电报网
络被划分为二十个区域，每一区域都有专门的监管人。首先，
发件电报站会向区域监管人发电，确认已收到钱款；之后，监
管人才会发电报给收件电报站，授权其支付这笔款项。这两条
电报都是通过密码电报发送的，其密码是对单词进行数字编码。
每个电报站都有相应的密码本，其中每一页都有数百个单词。
但是，不同电报站的密码本中，单词对应的数字编码也是不同的；
只有区域监管人一人同时掌握两个以上电报站的密码本。

　　每一密码本都要保有使用记录，每进行一次电报汇款，此
密码本使用次数的编号都要作为电报的内容一并发送。密码本
中还有单独的一页，包含不同金额对应的密码。而一个特殊的
密码，仅有区域监管人和两端电报站的操作员知道，也要被包
含在电报内容之中，有时是电报的第一个字，有时是电报的最

后一个字。这一系统的安全性得到认可，在 15 个大城市之间，最高可以汇转 6000 美金的款项，"为商业人士解决偶尔的燃眉之急。"

这项业务很快流行了起来，仅 1877 年，就有 38669 桩交易，共计 250 万美金，进入了此系统流转。"此种服务，解决了陷入意想不到的场合中的人们的需要，使其免于损失和窘迫，是当代文明最伟大的福利之一。"詹姆斯·里德——一位电报编年史作家在 1878 年写道。尽管如此，对于电报的确切属性的误解还有存在。一位妇女走进了电报站，要求将 11.76 美元汇给某人，但又改变了主意，决定要汇 12 美元，因为她担心零钱太多"会在通过电缆时弄丢"。

即便引进了新的安全措施，还是有办法通过滥用电报赚钱。1886 年，在史上第一桩利用电报赌马赢钱事件后的第 40 年，一位名叫迈尔斯的英国男子，贿赂了埃克斯钱吉电报公司在伦敦干草市场电报站的电报员，通过延迟发送赛马比赛结果的电报，给他创造下注的机会。迈尔斯被警方逮捕了，但是当法院审理时发现，唯一与电报有关的罪名是破坏电报设施。故意延误信件是违法行为，但延误电报不是。法律随后进行了修改，篡改、延误和泄露电报内容都被列为了违法行为。还没有来得及登上被告席，迈尔斯就因为过度服用鸦片而猝死。但此案再一次说明了技术的进步先于法律的制定。

　　在某些情况下，截获电报被认为是可以接受的——当由政府操作，为保障国家安全之时。结果就是，为了躲避敌国政府窥视的目光，外交官和间谍使用密码和加密电报已成为例行公事，但这些保护机密的努力却有成功也有失败。关于截获电报，最为臭名昭著的案例可能就是帕尼扎尔迪电报了，以及其给阿尔弗雷德·德雷福斯上尉在巴黎陆军部带来的不幸后果——也就是著名的"德雷福斯事件"。

　　1894 年 10 月 15 日，炮兵军官德雷福斯上尉被陆军部传唤，并被要求当场写下几个句子。原来，陆军部发现有奸细在向德国人出卖情报，并且掌握了一份奸细手写的文件。德雷福斯刚刚写下了几个字，就被拿来和这份文件进行了比对。基于笔迹的相似，德雷福斯被指认为文件的作者，当场就被以叛国的罪名逮捕了。

　　两周之后，相关消息走漏了出去，《自由言论报》对事件进行了报道，称德雷福斯因间谍罪被捕，涉嫌被德国或意大利收买。由此引发的强烈抗议将法国社会分裂成了两大阵营：一派是德雷福斯支持者（以坚信德雷福斯受到诬陷的自由党为主），另一派是德雷福斯反对者（以认为他有罪的保守党为主，他们更倾向于支持军队）。由于德雷福斯是犹太人，其反对派被控犯有反犹太主义，而此事件引发的政治观点的极端分化进一步煽动了反犹情绪，国内分裂严重。

随着紧张气氛的加剧，意大利大使馆武官亚历山德罗·帕尼扎尔迪上校，给他在罗马的上级发了一封电报，称据他所知，德雷福斯并不是他们的间谍，但也不能排除他直接与罗马的上层官员联络。鉴于媒体各种不着边际的指控，帕尼扎尔迪强烈建议，如果德雷福斯确实不是意大利的间谍，罗马应该就此事作出官方的正式声明。本着上述目的，帕尼扎尔迪给罗马发了一封电报——也就是史上最为臭名昭著的密码电报之一。

这封电报采用的是一种数字编码式的商用密码，其中，不同的数字代表不同的音节、字母和常用单词。和其他所有外交电报一样，这封电报也立刻就被法国邮电部截获了，并向外交部发送了一份复件，递交密码局的破译人员。（法国再次站在了行业领先的地位；当时的法国是第一个设立了专门的军事情报破译部门的国家。）

密码局的破译人员很快就鉴别出了密码的来源。这是一种几个月前由意大利编写人，保罗·布拉维利设计的商用密码。这种密码使用一位数字代表元音和标点符号，两位数字代表辅音和一些常用的动词，三位数字代表常用音节，四位数字代表关键词。这一体系使得用布拉维利密码书写的电报很容易识别。

事实上，那一年的年初，破译人员就已经知晓了布拉维利密码。当时是因为都灵伯爵——意大利国王的侄子，和格拉泽萝公爵夫人——一位住在巴黎的传奇的意大利美人，两人之间通信不断。法国陆军情报局认为，此举像极了间谍与上级之间的接触，于是下令破译他们的电报。但是相关人员都没有头绪，因为所有的电报都是用数字写成的。最后，一名法国特工潜入了公爵夫人的房间，结果找到了一本香气怡人的小册子：她的布拉维利密码本。两人的信件很快就被破译了出来，但是信件的内容，用官方的描述来说就是"单纯的、自然的、毫不做作的感情"——这是恋人之间的通信，而不是间谍之间。因为这个插曲，密码局对布拉维利密码有所掌握。

　　但是，和很多其他的商用密码一样，布拉维利密码也可以根据客户的需要进行定制，以此来提高信息的安全性。密码本的每一页都包含了编号从"00"到"99"的100个单词。单词的编号与页码的编号组合成一个四位数字，构成单词的完整代码。而密码书的每一页上都有一处空白，使用者可以对页码重新编号。通过将两套布拉维利密码本按同样的方式重新编号，两人就可以相对更加保密地交换信息了——因为对100页进行重新排列后，可能得出的组合是个天文数字。在此之外，有些页中还会留有空白，使用者可以自行填入单词，这样，此编码代表的意思截获者就无从得知了。

　　当破译人员试图直接使用布拉维利密码本破解电报时，得出的内容莫名其妙；很显然，为了增加安全性，帕尼扎尔迪对密码本的页码进行了重新编号。但是，由于电报中的一个词汇——"德雷福斯"——是已知的，一些替换过的页码是不难推知的。最终，电报的一部分被破解了出来："如果德雷福斯上尉与您没有关联，发表公开声明进行否认将是明智之举。"而电报结尾的内容还不能确定；破译人员猜测可能是"我们的使者受到警告。"

法国陆军部参谋长拿到了这条模糊的信息，他本人是德雷福斯的反对派，当时正急于给定罪拿下确凿的证据。所以，当几天之后，破译人员发现电报的结尾部分其实应该是"以防媒体胡乱报道"时，他们的长官并不满意。只有一种方法能够判断到底哪个解读是正确的：那就是，让帕尼扎尔迪再发一封电报，其内容要事先知晓，并且使用同一密码。一名双面间谍向帕尼扎尔迪传递了些虚假的情报，当他再次用密码电报向罗马的上级汇报时，密码局又拿到了一份复件。这次破译完成之后，证实了之前的第二种猜测；德雷福斯是清白的。

然而，事已至此，军队不想承认自己冤枉了好人，所以，他们递交给法庭的是第一次破译出来的错误版本，且又对其大肆夸张。（密码的错综复杂使得破译者可以对电报的内容随意指证。）结果是，德雷福斯被判有罪，发往法属圭那亚的魔鬼岛服刑。

对于一个因为电报落入冤狱的人来说，又因为另一份电报而沉冤昭雪，这似乎是恰如其分的结局。1896 年，德国大使馆武官办公室的废纸篓被法国情报人员搜查，并从中找到了一张未被发送的气动管电报卡，且已撕成了几片。原来，这张电报卡是发送给法国陆军部的另一位官员，费迪南德·华新·埃斯特黑齐少校的，很大可能是，他才是德雷福斯所受指控罪行的真正主谋。然而，又过了整整十年，德雷福斯才被最终复职。这一次，是巴黎知识分子主导了释放德雷福斯的运动，由小说家埃米尔·左拉领导，他的著作《我控诉》就是为德雷福斯辩护。（此案在政治上一直是个烫手的山芋，直到 1995 年，法国军队才最终承认，德雷福斯一直都是清白的。）

人们原本以为电报是人与人相互理解的桥梁，是世界和平的使者，结果，它却给欺诈、盗窃、谎言和行骗提供了新的工具。

第八章

电报传情

大千世界，直至地球的边缘，所有区域都将被吸引到电报的回路中来。

——《科学美国人》，1852 年

间谍和罪犯总能第一时间开发利用新的通讯工具，恋爱中的情侣也不会落后太远。

目前，我们并没有利用观感电报机传递浪漫信息的已知案例，毕竟此系统从未供公众使用；但是，电力电报向公众开放刚刚几个月，就发生了一件连最具远见的电报倡导者也意想不到的奇事：一对恋人通过电报喜结连理。

当时，新娘身在波士顿，新郎身在纽约；具体的日期无从得知，但在《电报逸闻》一书于 1848 年出版之时，婚礼的故事已经广为人知。在此书中，作者称"我们不列颠电报见证过的所有丰功伟绩，与这个故事相比，都显得相形见绌了"。

一个富有的波士顿商人的女儿，爱上了她父亲公司里的会记员 B 先生。尽管她的父亲已经为她订下了婚约，她还是决定违背父亲的意愿，非 B 先生不嫁。在她的父亲发现之后，就把年轻的小伙子派上了船，要他去英国处理生意。

船只在纽约做了短暂的停留，就在此时，年轻女孩给她的心上人发了一封电报，要他在指定的时间前往电报站，并且与一名治安官同行。到了约定的时刻，女孩来到了波士顿电报站，电报线的另一端，通过电报操作员用摩尔斯电码来回传话，他们在治安官的见证下结为了夫妻。"交换承诺是通过电报完成的，可以说，是电报缔结了他们的婚姻。"当时的一份报告里面写道。

更让人称奇的是，这场婚礼被认为具有法律上的效力。女孩的父亲坚持让女儿嫁给他为她选择的夫婿，但是女孩称她已经嫁给 B 先生了，此人当时正在去往英格兰的途中。很明显，富商父亲"威胁要去主张无效婚姻，但并没有把他的威胁付诸实践"。

与此同时，在英国，人们却在担心电报阻碍了真心相爱者的结合。电报网络正在拓展之中，一项计划是，电报线沿着苏格兰铁路延伸到苏格兰北境的一座小镇葛特纳格林。当时，很多来自边境以南的私奔情侣会跑到这座小镇成婚，因为在苏格兰，没有牧师或行政官主持的结婚宣誓是合法的，但在英格兰却不是。而电报的出现却意味着，乘坐火车的情侣无法再先于他们私奔的消息一步，反对婚事的家长可以在他们抵达之前，通知葛特纳格林政府进行阻挠。"科技是浪漫与真爱的大敌！"一位批评家断言。

很显然，人们对这项新技术还需要进一步的适应，而且对于多情的通信者来说，电报既有优势，也有缺陷。尽管总的来说，电报收费高昂，又缺少私密性，就普通大众来说，电报对传统信件的威胁不大。但是，对于恋爱中的电报员来说——他们的工作就是不断地通过摩尔斯电码与对方沟通，电报对他们的爱情生活的影响要深远的多。

电报员是一个封闭而排外的群体。他们有自己的习惯，自己的语言，以及严格的等级秩序，这一秩序是依据他们发送电报的速度确立的。最优秀的电报员在大城市的中心电报站工作；乡下的边远站点，每天不过收发几条信息，通常是由兼职的业余电报员处理。但是总体上看，全世界的电报员代表了一个大型的线上社区，人口有数千之多，却又极少有人面对面的相见。而且，尽管电报表面上看似缺少人情味儿，实际却是，这是一种极其含蓄和亲密的沟通方式。

有经验的电报员仅从对方发送摩尔斯电码的风格，就能辨认出自己的朋友——很显然，这种风格，就和人的声音差不多，具有很高的辨识度。一条线路上的每个电报员，都有一个由两个字母组成的签名，用以在线上确认身份；比如说，一名叫米尔斯的底特律电报员，就使用"MS"这个签名，而另一名电报员 A. 爱德华小姐，则被称为"AE"。

电报员经常会和其他电报站中的同事结下友谊。托马斯·爱迪生曾经描述过一段这样的伙伴关系，那是发生在 19 世纪 60 年代的事，"当我在波士顿的纽约 1 号电报线工作时，在另一端有个叫杰瑞·博斯特的电报员。他在接电报上是第一流的，发送也同样很快。我们想出了一个占住这条线路的办法：他在发件时，会刻意换掉一个字母，而我很快就习惯了接这样的信息；我们最多的时候甚至会换掉三个字母。这样，其他的电报员就没法接博斯特的信息，我们两个就能一直合作了。"

典型的美国电报站，中等规模。电报员坐在木质办公桌边，每人装备一台摩尔斯键盘和一台发声器。

电报员通常会采用这种方式占据某一线路；尽管这种做法是非正式的，但是由于双方了解彼此的习惯和水平，往往能起到提高速度和减少错误的作用。即便如此，这也可能导致电报员只专注于一条线路，哪怕这条线路相对冷清，而其他线路上已经忙得不可开交。为了避免这种情况的发生，电报公司经常会对电报员在不同的线路间进行轮换（用电报员自己的话说，就是"被挖走了"）。1898年，一张贴在电报站墙上的通知写道，"那些拒绝所谓'被挖走'的电报员，公司提示你们：进入本公司，并不是为了专门在某一条或某些条线路上工作，不是死守这些空闲甚至全无消息的线路，你们的服务可以在其他地方发挥更大效用；你们尽早意识到这一点，将对各方都有好处。"

在不忙的时候，电报员之间的"线上"互动非常活跃，他们讲故事，开玩笑，还会分享圈内的八卦。根据一则记录，他们"分享趣闻，交流思想，共同欢笑，就和坐在俱乐部的桌边一样。"有时，这些电报传递过来的轶事会被登载在本地的报纸上。但是大多时候不会，因为，根据爱迪生所说，他们交流的内容往往太过香艳露骨了。

寂寞无聊的电报员还会一起下棋，他们使用的确定棋盘位置的编号方法可以追溯到1840年，通过华盛顿—巴尔的摩线路下的那盘国际象棋。相较于和本地人来往，一些边远站点里的电报员甚至更加倾向于和其他电报员在线交流。托马斯·史蒂文斯，一位在波斯工作的英国电报员，就彻底回避了当地人的圈子，取而代之的是，通过电报与其他英国人交流。"在这个尚未开化的国度里，能与文明世界保持着一点点的联系，于我是莫大的安慰。"他如此形容他的电报员朋友，这些千里之外的友人。（当初人们还曾认为，电报会在来自不同国家的人们之间建立联系，现在看来是多么幼稚。）

有一次，美国电报公司波士顿、加来和缅因州线路上的雇员，利用电报召开了一场大会。来自沿线 700 多英里的 33 家电报站，共有数百名电报员参加了会议。每一个主讲人都通过敲击摩尔斯电码发言，这样"所有站点都能同时收听，通过这种方式，消除了时间和空间的限制，将相隔数百英里的人汇聚在了一起，就如同坐在同一房间里一样"，当时的记载如此说。在通过数项决议之后，会议在"友好和谐的气氛中"结束了。（在英国，《笨拙杂志》建议通过电报召开议会，这样，那些喜欢滔滔不绝的政客就不得不简明扼要了。）

有很多女性从事电报员的职业。到了 19 世纪 70 年代，西部联合公司的纽约总部，男女员工的比率已经到达了 2:1；事实上，早在 1846 年就有女电报员了，那是在纽约—波士顿线路开通不久，一位名叫莎拉·G.巴格力的女子，被任命为马萨诸塞州洛威尔电报站的操作员。

在英国，女电报员通常都是牧师、商人或政府职员的女儿，往往在 18 到 30 岁之间，未婚。女人被认为是"绝佳的设备操作员"，十分适合电报行业（鉴于此项工作并不太耗费体力），而且她们可以在不忙的时候看书或者织毛衣。但是，工作的时间可不短；大部分电报员，包括妇女，每天都要工作 10 个小时，每周工作 6 天。

"一般来说，如果发送信号的是个女电报员，线路上的其他人几乎都能立刻听出来，"《西部电学》杂志在 1891 年发文称，"主要是按键的方式不同。那些电报员们说，通常女性按下摩尔斯键的时候没有男性那么坚定。当然了，偶尔也会有一两个例外。"大多数情况下，女电报员会和男员工分开办公，有些公司还会雇佣一名"女舍监"来看管她们。尽管女电报员和她们的男同事被物理隔离开了，但在工作时间里，两方却可以通过电报沟通接触。不言而喻，很多工作中的友谊发展成了浪漫的"网恋"。一位作家记录道，"有时，这些恋情能够开花结果；有时，则在第一次见面之后就戛然而止。"

《电报奇缘》是《西部电学》在 1891 年发表的一篇文章，讲述了一个发生在边远小镇的电报站中的"浪漫爱情"，那里地处墨西哥边境，在亚利桑那州的尤马沙漠之中。"比这里更不适合人居住的地方还真不好找。所谓的电报站里，不过是一间茅草屋当办公室，另一间茅草屋，住了半打护路工人，再加上一个大水箱罢了。炎热的夏季里，住这儿简直让人受不了。"
待在这种地方无事可做，而且酷热难耐，想要入睡都很困难。
所以，丝毫不让人意外的，约翰·斯坦斯伯里——此站的电报员，
开始通过电报寻找慰藉。

斯坦斯伯里很快就结识了一位新朋友：来自加利福尼亚州
班宁的电报员，网名叫做"马特"（MAT）。他认为马特是个"快活、
有趣的家伙"。没过多久，他们就成为了知交挚友，而且相约
一起假期到山里打猎钓鱼。旅行的每个细节都商量好了，马特
坚持要带上胶皮靴子，因为钓鱼的时候会用到，而斯坦斯伯里
却说他光脚就好。但到了最后一刻，马特改变了主意，决定乘
火车到新墨西哥度假，这条线路也会经过尤马。可是马特抵达
之时，斯坦斯伯里却已经病倒了，他高烧不退，而且神志不清。

"在病中，我模糊地感觉到，身边有一名温柔的女子，她
的双手温暖体贴，"斯坦斯伯里在事后描述道，"所以清醒之后，
看到那张亲切秀美的脸庞，我丝毫不觉惊讶。她说，我病倒的
时候她正在火车上，然后就留下来照顾我了。说起来有些可笑，
我相信，在我还意识不清的时候，我对她的好感就已经埋下了。
随着我逐渐恢复健康，她对我悉心照料，我对她的好感发展成
了深刻的爱情。过了一段时间，我向她吐露了心声，请求她接
受我的求婚；但她的回答真让我意想不到。"亲爱的约翰，"
她说，"你确定你要娶一个坚持穿胶皮靴子的女孩儿吗？"

"'马特!'我叫道,完全不知所措了。然后我将就明白过来了。她是班宁站的电报员,而我,像个傻瓜一样,一直想当然地把她当成了男人。具体我是怎么说服她,不管什么靴子不靴子,我就是想要娶她,这些细节就不多说了。如今我们正在蜜月之中。南太平洋电报公司失去了一名员工,而我觉得相当值得。"

敏妮·斯旺·米切尔是一位 19 世纪 80 年代的年轻电报员,回忆说,"很多电报恋情的结局都是有情人终成眷属。"在埃拉·奇弗·赛耶 1879 年发表的小说《电报之恋》中,整个剧情都是围绕着一段通过电报展开的恋情。

然而,有时候,不走运的"网恋"也会在现实世界中制造麻烦。1886 年的《电学世界》中,一篇题为《电报恋情的隐患》的文章,就记录了一个这样的警示故事。故事中,乔治·W. 麦卡琴恩,在布鲁克林经营了一个报摊,他,20 岁的女儿玛姬给他帮忙。生意越做越好,于是他决定安装一条电报线,由玛姬操作。但他很快就察觉到,玛姬在线上和好几名年轻人"调情",其中就有已婚的弗兰克·弗里斯比,此人在长岛铁路电报站工作。玛姬邀请弗里斯比来布鲁克林,弗里斯比也同意了。当她父亲发现后,他禁止他们见面。但玛姬和弗里斯比开始偷偷地私下相会。麦卡琴恩还尝试把报摊搬走,但是玛姬很快就又在附近的电报站找到了工作。最终,她父亲堵到了他们约会,并威胁说要"打爆她的脑袋。"她报警将父亲抓了起来，他也因为恐吓行为而受到了起诉。

从另一方面说，电报有时可以帮助情侣们克服现实中的阻碍。1876年，亚利桑那州格兰特营地的部队电报员威廉姆·斯托里，打算取消他的婚礼；因为他没能申请到去圣地亚哥结婚的假期，而部队里又没有牧师，所以他的未婚妻赶到营地来也没什么意义。但是斯托里突然有了个主意，"既然通过电报签署的合同是有效的，那么为什么，"他想道，"牧师不能通过电报为我们证婚呢？"他很快执行了自己的计划，把他的未婚妻克莱拉·乔特，邀请到了格兰特营地，并请了一名牧师利用电报远程主持他们的婚礼。乔特乘着马车来到了部队，而乔纳森·曼恩牧师，在650英里之外的圣地亚哥主持了他们的婚礼。

菲利普·里德中尉是加利福尼亚到亚利桑那州电报线的负责人，要求当天工作时间之后不得使用此线路，以便举行婚礼。他给线路上的所有站点管理人都发了消息，通知他们线路"将用于在圣地亚哥和格兰特营地之间主持一场婚礼，诚挚邀请您和您的朋友出席，有必要时请您协助保持秩序。"电报员们都及时接受了邀请，4月24日晚上8点30分，新娘的父亲从圣地亚哥发来电报，说他和牧师都已经准备好进行仪式了。然后，牧师宣读了婚礼誓词，同时，他说话的内容被发送到了格兰特营地。新郎和新娘则亲自敲击电报键，发送出了"我愿意"的庄重承诺。仪式结束之后，贺电从线路上的各个站点蜂拥而至。在接下来的很多年里，每当新郎报出名字，都会有其他电报员跟他打招呼说，自己曾经出席过他的婚礼。

电报有时还能将在同一间站点里工作的年轻人联系到一起。1891 年，《西部电学》还发表了另一篇文章，题目就是《电报牵系的姻缘》。文中讲到了纽约电报站中一条相当棘手的线路，此线与很多边远地区的铁路站点相连，那些站点的电报员往往没有经验，或者能力不足。结果就是，大多数电报员试图在这条线路工作时，都会很快失去耐心，并且大发脾气，"不管你多优秀或多努力，用不了几分钟，这条线就能让你彻底崩溃。"但是，有一名女电报员似乎从来没遇到什么麻烦，所以最后便由她来负责这条线路了。夏天里，一名新人被指派过来，在她的午休时间替班。他是个好脾气的青年，但是没到十分钟，他就和一个乡下电报员陷入了争执。直到女电报员回来，事情才被她从容解决。类似的事情天天都会发生，慢慢地，青年爱上了女电报员。"他意识到，除了天使，没人能在这条线路上坚持下去。他与她的感情不断加深；如今，他们已经结婚很长时间了，"文章结尾写道，"他还将这个秘密透漏给了自己未婚的朋友，从此之后，这条线路就被看紧了。在这条线路工作的年轻女孩都不会独身太久，周边的人都知道是怎么回事。"

电报圈子也有其黑暗的一面：优秀的电报员往往对那些小镇里的兼职人员充满鄙视，把他们叫做"塞子"或"火腿"。速度就是最高的价值：最快的电报员被称作"领奖人"，因为凡是发送和接收信息的数量能超过定量指标的操作人员，都能得到一笔奖金。所谓的一流电报员每个小时可以处理大约 60 条信息——每分钟约有 25 到 30 个单词——但是领奖人能处理更多，而且准确性还不会出问题，有时候，平均速度能达到一分钟处理 40 个单词以上。

还有一些所谓的"新生代"，他们经常更换工作。并没有什么正式的面试：求职者仅被要求坐在一条忙碌的线路前，展示出他们到底有没有处理的能力。鉴于他们几乎在哪里都能找到工作，很多新生代都过着四海为家的生活；他们中有很多人有嗜酒的恶习，或者受心理疾病的困扰。在某种意义上说，电报圈子采取的是精英主义——你的出身来历都不重要，只要你能快速地发送和接收消息就行——这也是为什么妇女和儿童也会从事这一职业的原因之一。

新手往往是从偶尔替补一下，以及在公园、夏令营和度假区接些短工开始，其中天赋较好的很快就会被吸引到大城市。一旦年轻人在大城市的电报站里有了一席之地，他或她就很可能会遭遇一场狼狈的就职典礼，也就是所谓的"加料"。有时，他们会被要求将一些胡编乱造的信息发给"大象"或"琳恩·柯南·道尔"。更为通常的是，毫无防备的初来者会被特意安排到某一线路，此线另一端的电报员发送速度相当之快，一开始，此人还会用正常速度发送，但是渐渐地就越来越快了。当这个新手挣扎着想要跟上对方的节奏时，那一边的电报站里已经聚了好些人围观了，最终，新手不得不承认失败并且"屈服"。加料，也被称作戏耍或者突袭。

年轻的托马斯·爱迪生是圈内的传奇人物，据说他可以接下任何人发送的信息，无论多快。爱迪生十几岁的时候，跟一名火车站站长学习了摩尔斯电码，因为他把后者3岁的儿子从疾驰的火车前救了下来。很快他就成为了专业电报员，有关他的高超技艺的故事多得数不清。有一个时期，邋里邋遢的爱迪生来到了波士顿工作，那里的电报员自视甚高，喜欢穿着打扮如同绅士一般。他们眼中，爱迪生就是个土里土气的乡下人，他们找了一个相当快的电报员给他加料。但是随着对方速度的加快，爱迪生始终轻松应对，从一分钟25个单词，到30个单词，甚至35个单词。最后，在毫不费力地接下了所有信息之后，爱迪生给他的对手回复了一句："你怎么不把另外一只脚也用上？"

爱迪生能够如此之快，与他的听力部分丧失有关，正是为此，在倾听来自电报机的咔哒声时，他才不会被周围的噪声干扰。往后，甚至在他追求他的第二任妻子米娜时，他也把半聋变成了一项优势。"对于追求女孩，半聋也很有帮助，"他在日记中写道，"首先，它给了我站得离她很近的理由，如果我不是必须站近了才能听到她说话，我肯定就不敢那样凑上前去了。之后，我的追求都是通过电报进行的。我教会了我的心上人摩尔斯电码，等她既能发送也能接收之后，我们的交流比以前靠相互说话的时候要好多了。不久前，我用摩尔斯电码问她，愿不愿意嫁给我。"愿意"这个词用电报发起来很容易，她也确实发了这个词。如果她不得不自己说的话，也许就会困难多了。"

爱迪生和很多电报员一样，相当热衷于尝试改良电报仪器。他喜欢值夜班，这样白天的时候，就可以待在电报站的内室进行各种实验了，而且他节俭的食谱上也几乎只有苹果派和大量的咖啡。但是当他的实验搞出乱子时，他就不得不丢了工作，搬到另一个地方，而这种情况又经常发生。有一次，当他在自己的发明中使用一种新的电池用酸的时候，整座电报站都被他

托马斯·爱迪生，发明家，电报先锋。

炸掉了；还有一次，他弄洒了一些硫磺酸，房间的地板都被腐蚀穿透了，楼下银行的地毯和家具都跟着遭了殃。

但是爱迪生作为操作员的杰出才能使得他在电报圈子中脱颖而出，最终达到巅峰，作为大电报公司的工程师和发明者，直接向高层汇报。事实是，尽管电报圈子有些冷僻的习俗和古怪的生活方式，电报员还经常被认为是一个很有吸引力的职业，因为带来了快速提升社会地位的希望，而且加速了中产阶层队伍的壮大。教给新人摩尔斯电码的课程、书籍、学习手册到处都是。对于有雄心壮志的人，这一职业提供了从小村镇移民大城市的机会；对于喜欢四处周游的人，这种技能则能保证他们走到哪儿都能找到一份工作。

不得不承认的是，大型电报站里人员变动十分频繁，而且电报员经常不得不忍受过长的工作时间、无人问津的寂寞时光，以及高压而不快的工作环境。但是成为电报员，也就意味着加入了一个庞大的在线社区——在遍布全球的电报网络中找到一席之地。

第九章

地球村中的战争与和平

全世界的居民都将入住同一个智能社区。

——阿朗索·杰克曼，1846 年为大西洋电报
所做的宣传

尽管当时有一种得到广泛认同的乐观主义，那就是电报会将全人类团结起来，可事实上，能够进行直接交流的只有电报操作员。但是幸亏有电报，全球的公众都可以持续参与到各种世界性事件中了，因为忽然之间，报纸可以在几小时内就报道出地球另一端发生的大事。结果使人们的世界观发生了戏剧性的变化；想要真正认清电报给报业到底带来了多大的震动，首先必须要知道在电报发明之前报业是如何运转的。

在 19 世纪之初，报纸一般只报道本地的事务，新闻则是随着报纸被带到其他地方而传播出去的。记者查尔斯·康登抱怨道，那时他们当地的《新英格兰报》几乎没有什么可报道的。"在那些琐碎的日子里，"他在回忆录里写到，"读者很容易知足。

偶尔有些来自欧洲的新闻，也往往是 6 周之前发生的事情了，有时甚至更久。"他还发现，来自驻外记者的稿件也很少，这倒是件好事，因为"其中大部分都无聊至极"。

今天，人们眼中的记者往往是拿到新闻后就不顾一切往编辑部里冲的人。但是在 19 世纪初期，报纸主要依靠的是本地覆盖率，而不是新闻的及时性。康登记载过一个编辑，他拒绝了报社记者去附近城市采访一次演说的要求，他的理由是"用不了一两天，就会有人把这个消息给咱们送来的"。有些报纸每周的出版时间都不相同，以适应编辑社交生活的需要；还有一些报纸，在新闻较多时就会保留一些不报道，以防下一周无事可报。除了本地故事，大部分的内容都是从其他报纸摘录下来的，而其他报纸都是通过邮寄拿到的——在出版之后数日之久。报纸可以随意转载其他报纸；新闻流动十分缓慢，所以也就不存在报纸之间抢着报道同一个故事的问题了。信息的自由交换对各方都有利，但这就意味着，当传到的读者手里时，这条所谓的新闻已经成为数日甚至数周前的"旧闻"了。

除此之外，一些大的报社会在国外安排通讯员，他们会将当地最新的消息发送回本部。他们的信件往往数周才能抵达，但在电报网络建成之前，没有更快的方法传递新闻。所以，数周或数月之前的国外新闻刚刚在本地报纸上发表，在当时确实是稀松平常的事情。伦敦《泰晤士报》有一个庞大的海外通讯

员网络，因为它的读者中有很大比例是商务人士，这些人需要
了解国外政治形势，以便在国际贸易中做出判断。海外新闻中
还会包括轮船的出发和抵达信息，以及船上货物的详细情况。
但是鉴于这些新闻是和其中记载的船只同时到达的，直到 1845
年 2 月 9 日，《泰晤士报》上关于开普敦的新闻是 8 周之前的，
关于里约的新闻则是 6 周之前的。纽约来的新闻会推迟 4 周，
柏林的只推迟 1 周。而《泰晤士报》始终以能够最为快捷地获
取新闻为荣。

　　由于英国征收报纸税，报纸价格被人为提高，所以《泰晤
士报》始终独占市场。但在纽约情况就不一样了，19 世纪 20 年
代，《商业日报》与它的竞争对手《通讯与咨询》之间开展了
激烈的竞争。两家报纸都以商务人士为目标人群，都希望通过
更快发布消息来获得优势。他们都在纽约和华盛顿之间安排了
驿马，以尽快取得政治方面的新闻，并且利用快艇登上欧洲来
的进港船，在他们抵达码头之前拿到消息。到了 19 世纪 30 年
代，随着价格低廉、面向大众市场的形象的树立，报纸成为了
最为流行的媒体形式。廉价报纸之间的竞争接踵而至，报社也
越来越多地使用信鸽和装载船来传递信息。《纽约先驱报》的
编辑詹姆斯·戈登·班尼特，甚至向给他提供信息的人许诺，
凡是交给先驱报的欧洲新闻，每比到达它的竞争对手早一小时，
他就愿意多支付 500 美元。先拿到新闻，就能卖出更多的报纸：

新闻的经济价值日益凸显。

可以看到，19 世纪 40 年代建立起来的电报体系全方面地改变了人类生活。事实上，摩尔斯的华盛顿—巴尔的摩线发送的第二条信息——紧接着"上帝所做之功"——就是"有什么新闻吗？"只是当时的报纸并没有意识到这一机遇，反而对它充满了戒备。

尽管在经历了使用驿马和信鸽传送消息之后，下一步合乎逻辑的做法似乎就是使用电报，但是可惜，电报反而被认作了不祥之物。鉴于电报在传递信息上几乎是即时的，关于谁先拿到新闻的竞争事实上就没有意义了。报社不可能取胜；胜利将永远属于电报。詹姆斯·戈登·班尼特就是众多相信电报会导致报纸行业衰退的人之一；因为有了电报，所有报社就都在一个起跑线上了，他在获取信息方面的优势将不复存在。"电报对于文学类杂志影响也许不大，"他分析道，"但报纸就只能听天由命，甚至会消声灭迹。"看起来，公开出版物的唯一出路只剩下对时事进行评论和分析了。

事实证明，这一预测是错误的。利用电报向报社发送消息效率极高，但它却不适合直接面向数量众多的读者。而且，尽管电报大大地改变了信息提供者和出版者之间的权力平衡，但是报社的股东们很快意识到，电报非但不会导致报纸的衰退，反而给新闻界带来了千载难逢的机遇。比方说，突发新闻可以得到及时报道，而且往往是分期刊登的——这样，事件的发展就更有悬念，销售量也随之暴增。如果某个重大新闻在一天之中发生了四次转变，报纸就可以先后印刷四个版本——而有的人就会四版都买来看。

发生在远方的新闻马上就能传回本地，但是新的问题又产生了，那就是该由谁来对这些新闻进行报道呢？当时并没有我们今天所说的记者。方案之一就是由遍布世界各地的电报员来做报道。但是仅有相当少的电报公司要求他们的操作员提供新闻服务，并把他们的报道卖给报社，而且这些公司也很快发现，电报员完全干不好新闻这行。而另一方面呢，如果每家报社都安排自己的撰稿人专职报道外地新闻，结果很可能就是，这些人每天都用相同的线路从相同的地方发回相近的新闻，而且花费的成本也相当巨大。

合乎逻辑的做法是报社之间结成联盟、相互合作，建立起一个记者网络，其中每名记者都将新闻发回给电报中心，然后转发给联盟的全部成员。这会极大扩展报社获取素材的范围，而且还不必为到处安插记者的高昂费用担心。在美国，第一家成立，也是最负盛名的新闻联盟组织——纽约联合通讯社成立了，这是纽约的报社在1848年合办的辛迪加组织。联合通讯社很快就和电报公司建立了紧密的合作关系，而且很快就垄断了向其他报纸出售新闻的业务。

与此同时，在欧洲，保罗·朱丽叶斯·冯·路透也创立了一家通讯社。路透出生在德国，后来在一家翻译公司工作，他的任务就是将多家欧洲报纸的内容翻译成不同语言，然后再重新分送出去。路透很快就意识到，新闻的价值有高有低，而商人更愿意为及时的消息付钱。于是他成立了自己的公司，利用信鸽将商业信息传递出去，能比邮件早几个小时抵达。最初仅在亚琛和布鲁塞尔之间运行，但在19世纪40年代，路透社的通讯网开始在整个欧洲延伸。每天下午股市闭市之后，路透社在各个城市的代理人都会将最新的债券和股票价格抄在复写纸上，装进丝袋，再用信鸽送回路透社的总部。为了安全起见，每一封信件都分别由三只鸽子传送。路透社会将各地的信息汇总起来，一并发送给订阅者。没过多久，路透社也做起了初步的提供新闻的业务。

亚琛和柏林之间的电报线路建成之后，路透社开始在使用信鸽的同时也使用电报；1851年，英国和法国之间的电报网连通之后，路透社搬到了伦敦。其政策就是"跟着电报走"，伦敦既是世界金融的中心，也是快速发展的国际电报网络的中心，正是路透社最为看好的城市。

最初，路透社的海外通讯都是高度和商业相关的——商务客户唯一关注的角度就是国际贸易可能受到的影响——没过多久，它开始尝试将通讯卖给报社。1855 年，英国取消了报纸税，几家新的报社迅速兴起，但是仅有《泰晤士报》有报道海外新闻的能力，这要感谢它完善的通讯员网络，在不情不愿地抵抗了一段时间之后，《泰晤士报》也开始了使用电报。《泰晤士报》倾向于使用自己的通讯稿，而不是向路透社购买，并且曾经先后三次拒绝了路透社的合作建议。直到 1859 年，路透社证明了它的服务的价值：它获得了一份关于法国与澳大利亚关系的重要演讲，此演讲在巴黎进行后不到两个小时，它就把讲稿发回了《泰晤士报》的伦敦总部。在接下来的战事中，法国人和撒丁人在同一方阵营，澳大利亚人在另一方，路透社则在三国都安插了通讯人员——有一次，关于同一场战役，分别从三支军队的视角发回了通讯稿。尽管如此，《泰晤士报》还是更愿意依靠自己的通讯人员，但是路透社可以将它的通讯卖给其他的伦敦报纸，从而帮助这些没有自己的驻外通讯员的报社与《泰晤士报》竞争。

而读者们对海外新闻相当热衷，怎么读也读不够——内容越是关于遥远的异国他邦，读者就越是喜欢。有史以来，报纸第一次摆脱了地域的束缚，开启了全球覆盖的时代，或者至少是表面上的全球覆盖：在区区一版之中，包罗来自全世界的当天发生的重大事件。今天，我们把这看成是理所当然的，但在当时，能够跟上世界时务，成为全球一体化的一员，是一种非凡的体验。

报纸的销量也大大提高。"对于媒体来说，电报机这项发明的价值无可限量，"一位记者宣称。"你可以在世殊时异之前拿到第一手新闻。这条新闻摆在读者面前，就像是刚从烤架上取下来的热腾腾的烤牛排，而不会因为从远处的厨房慢慢送来而变得又冷又无味。一场战役在三千英里之外发生，伤员还在送往医院的途中，我们就已经知道了详细的过程。"

人们对于海外新闻的渴求如此强烈，以至于在 1858 年大西洋电报第一次接通之时，成功传送的少数几条电报中，就包括路透社从欧洲发来的时政新闻。"请给纽约发来点新闻吧，人们都急疯了！"这一请求从纽芬兰一路传来。于是，1858 年 8 月 27 日，新闻头条如下："法国皇帝移驾巴黎。普鲁士国王病重，出访维多利亚女王未能成行。中国问题达成和解。瓜廖尔叛党溃不成军。印度全境趋于平静。"

最后一则新闻表明，大约一年之前爆发的印度哗变——一场抵抗英国统治的叛乱，已经被成功镇压。然而，英军驻加拿大新斯科舍的指挥官特洛普洛上将，在大约几周之前收到了来自伦敦高层的命令，要求他将两个团的士兵派回国内，以便到印度进行支援。我们并不知道特洛普洛有没有看到路透社的新闻，这条新闻明确表明，没有必要再向印度增兵。一条撤回派兵的命令被迅速从伦敦发往特洛普洛，正是通过第一条大西洋电报，如此给英国政府一举节省了 5 万英镑——远高于在大西洋电报上的投资。这是发送到北美的最后几条信息之一，那条倒霉电缆第二天就彻底停止工作了。

但是如果电报早几天就坏掉了怎么办？如果事先知晓了路透社的报道，特洛普洛就会知道无须向印度派兵，虽然毋庸置疑，他还是会无论如何都依照命令调遣部队的。这只是一个例子，说明迅速而广泛传播的海外新闻将会对军事和外交产生意想不到的影响——在克里米亚战争中，所有人都意识到了这一问题。

战争时期，国际电报网的存在就意味着，某些过去可以放心发布在报纸上的信息，一下子变得高度敏感了，因为可能直接被电报发到敌军手里。多年以来，英国人都习惯在战船出发的时候就进行报道；毕竟，新闻也不会跑得比这些船更快。但是国际电报出现之后情况就不同了，一国发布的信息，海外很快就能知晓。对于政府和新闻机构来说，都需要一段时间来适应新的形势。

1854 年 3 月，英法对俄宣战，英国战事部按照惯例，公布了向克里米亚半岛派兵的详细数量和兵种。《泰晤士报》又对此进行了如实报道，为读者提供尽可能详尽的信息，以此来变现人们的战争热情。以往，军队都会先于新闻抵达战场。但是通过横贯欧洲直抵圣彼得堡的电报线路，从《泰晤士报》上得知的英军部署，每天都会被电报发送到俄国。

英国政府的无能更加剧了事态；一些官员很快就意识到了，披露过多信息相当危险，但是还有些人坚持：在报纸上坦率直言有利于鼓舞士气，而且能显示出政府对于公众的战争热情有所回应。无可避免，政府和《泰晤士报》很快就产生了分歧。英军总司令辛普森上将抱怨道，"我们的间谍会送回来各种各样的报告，但敌军在情报上一分钱都不用花。他只要每天花 5 便士买一张伦敦报纸，就事事都了如指掌了。"

除了是第一场政府在发布消息时要考虑电报因素的战争，在发挥电报的战略作用方面，克里米亚战争也是第一次。起初，电报只能发送到提花马赛布，然后通过汽船转发到克里米亚，全程共需 3 周时间。与其坐等私人电报公司介入，英国和法国政府决定自食其力，将电报网拓展到克里米亚。电报线从奥地利电报网的最远端布加勒斯特，延伸到黑海边缘的瓦尔那，然后一家英国公司受雇向克里米亚半岛铺设了一条 340 英里长的海底电缆。有史以来，法国和英国政府第一次实现了与远方战场上的指挥官直接对话。这对辛普森上将来说更是噩耗，他被伦敦那些无能上级的各种琐碎要求搞得烦躁不已，据说他有一次抱怨说"该死的电报把事情都弄糟了"。

到底谁更适合做出战略决策呢：是战场上的将军还是他身在千里之外的上级？历史学家 A.K. 金莱克在他的著作《克里

米亚战争史》中如此评价电报：一项"新奇而危险的魔术"，被那些远离战事又喜欢指手画脚的官员玩弄于股掌之中。"我们的政府没有滥用电报，"他写道，"但是，暴露于来自巴黎的直接指挥之下，法国士兵不得不学着在这种情况下打仗了：电线的一边是路易·拿破仑，另一边则是康罗贝尔这样的指挥官，唠唠叨叨，关键时刻也拿不出决断"。

当电报被用来从前线发回战报时，战场上的混乱被揭露了出来，形势进一步复杂。尽管英国公众情绪上支持军事行动，但是对于政府组织不善的批评也广为流传，主要是在《泰晤士报》的战地记者威廉姆·哈罗德·罗素从前线发回的通讯中提出的。他记述了战士被错误地派往前线或者没有得到充分装备，强调了医疗资源的缺乏（弗朗西斯·南丁格尔的慈善救援活动，正是因此在公众的呼吁之下，得到了资金方面的支持）。这也解释了为什么《泰晤士报》的前线记者不被允许使用黑海电报线。于是，通讯稿被汽船送到瓦尔那或者君士坦丁堡，然后再电报发回伦敦。

电报消除了前线士兵与祖国读者之间的距离，消除了政府官员与战争指挥官之间的距离。更为不便的是，它还消除了敌对国首都之间的距离。突然间，整个世界似乎缩小了——这一点对于外交官来说尤其难以适应。

外交官们往往喜欢从容不迫地对重大事件作出字斟句酌的回应，但是电报的出现意味着可以作出即时反应——"而我不认为在外交活动中适合如此行事，"埃德蒙·哈蒙德，一位克里米亚战争时期的英国外交官，向同僚警示道。他担心，外交官可能沦为回应"有欠考量的即兴观点"。查尔斯·梅扎德，一位法国历史学家，甚至提出 1870 到 1871 年的普法战争，就是因外交官过于仓促地回应电报而引发的。但是他们别无选择；报纸一旦嗅到消息，就会要求政府作出公开声明，外国政府很快就能通过媒体得知具体内容，完全绕开了传统的外交途径。

只有一条路可走了：那就是在外交中积极地利用电报。他们最终也这样做了，尽管很不情愿。1859 年，英国外交部还只是电报公司的普通客户之一，仅在营业时间使用电报；而到了 1870 年，外交部和殖民部都安装了专线。有些官员为了能及时掌握外界的一举一动，在他们伦敦的府邸和乡村别墅也都安装了线路。结果就是权力越来越集中于伦敦；而那些驻扎遥远国家的官员则发现，以前因为中央政府鞭长莫及而保有的独立权限，已经被电报逐渐削弱了，这项新技术是个诅咒。英国驻维也纳大使荷瑞斯·朗波尔德爵士，曾经痛惜道："电报导致了过去那些单枪匹马的斗士们士气低落。"

电报在调遣部队方面的运用并不少于用于化解外交危机。美国南北战争期间，电报被广泛应用，两方的士兵在行进中总

共架起了 15000 英里的线路，而且通过窃听和密码开展了尔虞
我诈的较量。与之相似，电报在欧洲也证明了自己的军事价值，
普鲁士就是利用电报协调发动了钳形攻势，为在格拉兹战役中
击败法国起到了关键作用。

　　事已至此，还是有很多人坚信电报有缔造和平的潜力。
1894 年，约翰·彭德爵士——英国大东电报局（也就是过去的
古塔胶公司）董事长，曾说过电报"避免了外交破裂和随后的
战争，在促进和平与幸福中有所作为……报复和不满的情绪没
有时间滋长就被化解了。电报将引发战争的误解扼杀在摇篮之
中了"。

　　他说的也有那么点道理。但有时所谓的误解是人们有意为
之。1898 年的法绍达冲突中，英法两国在苏丹陷入僵局，随着
事件的进展，情报展示出了新的实力——假情报也一样。法军
主帅让 - 巴蒂斯特·马钱德少校，正带兵横穿非洲，意图在大
西洋到红海之间的土地上主张权利；而一支由基齐纳勋爵带领
的英国远征军，正打算在整个东非建立控制权，从开罗直到好
望角。无可避免，两支军队在苏丹的法绍达村庄狭路相逢了。
与其承担主力军队开战的风险，基齐纳和马钱德决定，最好由
两国政府通过外交途径解决问题。

　　面对马钱德，基齐纳有一个关键性优势，那就是英国控制
的埃及电报系统。他及时地将最新形势向伦敦做了汇报，先通

过埃及铁路电报，再走海底电缆。紧接着，又发了一封介绍详细情况的报告，他指出：马钱德的军队虽然数量上与我军相当，但是士气低落、军心涣散，而且水源储备也很快就要耗尽了——以上说法没有一条是真实的。但是，马钱德与他在巴黎的上级对话的唯一方式，就是派一名信使走陆路到大西洋海岸，然后再换乘轮船——前后共需 9 个月之久。所以，直到英国驻巴黎大使向法国外交大臣宣读了基齐纳的报告，法国政府才第一次听说这一事件。急于从马钱德处了解情况，法国政府请求使用英国控制的电报线路与法绍达联络。英国政府拒绝了，但是提供了一个折中的方案：如果马钱德将信使派往开罗，此人可以使用当地的电报设施。在马钱德的代表赶赴开罗的一个月时间里，法国人只有基齐纳传回的信息可供参考，最终做出了退让一步的决定。从某种意义上，电报确实防止了流血事件的发生，但却是通过带有误导的虚假信息。

　　直到 19 世纪末，依旧到处弥漫着对于电报缔造和平的乐观态度，尽管完全没有任何实质的证据能够支持。"如果人们能够加深彼此的了解，尤其是国家领导者和政治家之间，"英国电学和电报学专家查尔斯·布莱特，1898 年在他的著作《海底电报》中写道，"通过使用电报，国家与国家之间，有了一种开展外交关系的全新而且大大改善了的方式。一国政府能够灵活而迅速地了解到另一国的'想法'——或者至少是公开宣称的'想法',在过去几十年中,这往往是避免外交破裂和回避战争的主要途径。乍一看,现实之中事与愿违,而且也可以预见;但从全局来说,事实和经验明确地告诉我们,太平洋电报利大于弊。"

此外,全球各地的报纸读者在共同追踪重大事件时,往往还会产生一种分享体验的感觉,因而,乐观主义进一步蔓延。一个例子就是,1881年,詹姆斯·加菲尔德总统遇刺,在经历了两个月的痛苦煎熬之后,最终宣告死亡。

《科学美国人》在当年发表了一篇文章,对"电报的道德影响力"进行评估,因为正是电报,使得全世界的人都能及时了解加菲尔德总统的最新状况。文章将此解释为"人性同源、四海之内皆兄弟的明证,"文章还说,"电报键的跳动将人道主义的情怀连接在了一起,成为了人类共通的脉搏。我们刚刚见证了,整个文明世界如同家人一般围绕在病床周围,随着电报的信号穿越大陆和海洋,时而因病情好转而共同希冀,时而因情况恶化而共同担忧。"这是"一场史无前例的奇观壮举;以往不可能达到如此盛大的规模,这象征了,科学已经将人类的思想交织融合了起来,激发了人与人之间亲缘相连的归属之感,而且不只是偶然迸发出来的一时情绪,而是旷日持久、压倒一切的持续情感"。

通过这些夸张的言辞可以看出，在经历了共同体验的激动之后，当时的人们对世界和平抱有多么乐观的态度。一位作家在1878年写道，电报"让来自不同国度不同种族的人们之间产生了凝聚。人道与博爱的精神在极大程度上得到了升华。世界人民肩并肩地站到了一起"。快速发布的新闻被认为可以促进和平、诚实以及相互理解。为了更加理解你的同胞，报道再多外国新闻也不为过。

但问题是，真的是越多越好吗？事实上，并不是所有人都想知道遥远的外国发生了什么。就因为把一些毫不相干的海外新闻排在了重要的本地事务之前，《阿尔皮纳之声》——一家密歇根的小报社，切断了电报服务以示抗议。据当时的记载，这是因为"他们不能理解为什么电报公司发来了有关上海洪水、加尔各答屠杀、孟买水手群殴、西伯利亚严霜、马达加斯加传道士宴会、婆罗洲袋鼠皮价格的详细记载，还有一大堆小海岛上发生的奇闻趣事——但是没有一个字提到马斯基根大火。"一个新难题的种子已经播撒下了，那就是信息超载。

第十章

信息超载

自从问世以来，电报就是商务贸易的仆从。
　　——《国家电报评论及电报员之友》，1853 年

　　更多的信息总是一件好事吗？在商业事务中本该如此，知道的越多越好，你拿到的信息越多，跟你的竞争对手相比就越有优势。信息——有关外地市场的需求，海外政权的起落，庄稼丰收或歉收——名副其实地，就是金钱。但是，生意场中的那些人，原本对于最新消息如饥似渴，现在却发现，他们通过电报得来的远远超过了自己的需要。

　　从纽约向芝加哥送信，过去要花上大约一个月时间，而现在几乎是实时到达；国内市场和全球市场都因为信息流的增加而愈加活跃。任何企业，只要想保持竞争力，就不得不向这项新技术敞开胸怀。不可避免地，商务活动的节奏越加紧凑，这种情况也一直延续至今。一个前所未有的新问题产生了，正如纽约商人 W.E. 道奇在 1868 年的一次演讲中说到的："如果陆军、

海军、外交、科学、文学和媒体都表明他们对电报抱有特别的兴趣，那么无疑，商人们的兴趣更加浓厚。但是，我恐怕要说，它给我们带来的并非都是好事。"

道奇解释道，在电报发明之前，从事国际贸易的纽约商人们，通常每个月一到两次从他的海外同僚处拿到消息，尽管此时距离消息发送已有数周之久了。而从事国内贸易的商人，则每年两次会见他们的本国客户，夏天和冬天都在休息，查看一下账目，制定一些计划。"相比之下，他们那个时候的日子好过多了。"

"但是现在一切都变了。而电报到底是不是如同众人猜想，是商人绝佳的朋侪益友，尚还存有疑问。如今，全世界主要市场的信息每天都会发布，我们的客户也能通过电报得知各种消息。每年偶尔几次大批发货的做法已经不再可行，商人们不得不时刻准备行动，不断地增加和扩展业务。他还要与海外保持经常联系，在几周之后就要得悉海上货运的结果，而不像几年前那样一等就是几个月，他要继续订购那些有投资价值的商品，然后再在货物抵达之前就把它们卖掉。于是，他始终都处在紧张之中，没有时间清静一下，也没有时间休息。"

"商人们辛苦忙碌了一整天，至晚才能回到家里，吃上一顿迟来的晚餐，借以摆脱工作的烦恼。然而正在此时，一封伦敦发来的电报打断了家庭的温情时光，电报可能是指示他从旧金山买入 2 万桶面粉，于是，他不得不草草用餐，以便尽快将指示发到加利福尼亚。今天的商人必须时时刻刻保持紧张，特快列车已经满足不了他的需要了，为了维持一家人的生计，他别无选择。他必须使用电报。"

对于商人来说，电报就像是一剂毒品，而他们也很快就上了瘾。与能迅速转移物资的铁道一道，信息的高速通道显著地转变了商业运行的方式。

没过多久，商品的价格和运输的程度就比它们所在的地理位置更加重要了。贸易商手里可能掌握着数家潜在的供应商或者买家，他们可以扩展视野，与那些过去使用信件时多日才能沟通上的人直接交易了。生产商与消费者摆脱中间人，直接进行交易，也成为了可能；零售商、农民和制造厂发现，绕过中介之后，他们能够提供更有竞争力的价格，也可以省掉一笔付给批发商的佣金。供应商也可以保持较低的存货量，因为应对不确定性的需要降低了，而且库存可以很快地得到补充。电报和商业构成了共同发展的良性循环。"在商业中，电报的使用规模几乎和邮政一样高。"1851 年，一位华尔街－波士顿电报线的管理人评论道。

在早期，那些电报网络尚未触及之地，很快就意识到了自身面临的劣势。"电报已经成为了商业交易中必不可少的手段，"圣路易斯共和党在 1847 年宣称，"只要有电报的地方，商业就是通过这种方式进行的，圣路易斯的商人根本无法和那些有电报的城市中的对手竞争。航运是一种必要的商业手段；如今，电报就是另一种。使用邮件的人想要和使用电报的人一较高下，就好比驾着破旧的平底船和蒸汽轮船比试。"

同年，财经记者 J.D.B. 德鲍在《商业评论》中提道，"电报给商业提供了绝佳的部署设施。每天都有电报给商人带来优势的实例发生。一天之内，交易的双方就可以通过电报相互交流数次，这在以往没有电报的时候要花上 2 到 4 周——他们因而能够尽快达成交易，而不是把时间浪费在谈判之上，导致对双方都好处尽失。"

电报对商业的影响在美国最为明显，当地的电报和铁路网络很快就遍布了整个大陆。"在一个商业遍布广阔国土的国家，在各个商业中心之间往往数千英里之隔，电报的出现恰好解决了这个问题。"德鲍声称。

在欧洲，电报被认为是一项公共设施，电报行业想要在商业和公共用途之间保持一种平衡。结果是，电报在社会生活中的普及程度远远要高于美国。作家加德纳·哈伯德如此形容美国的电报系统："商业体系的特有一环；百分之八十的信息是商业相关的……电报公司的高层了解他们的客户，他们更关注能否得到最快最好的服务，而不是收费是否低廉。美国和欧洲电报网络最大的区别就是，（在欧洲）电报主要用于社会交往，而这里则是商人出于商业目的的使用。"

虽然如此，电报在欧洲也同样得到了商人的欢迎。举例来说，英国的渔民和鱼类经销商就使用电报统计捕捞量和决定价格——考虑到鱼类的保鲜期短暂，电报的作用尤为重要。在阿伯丁，渔贩子可以在卖货的同时通过电报接收订单，这要感谢连接鱼市和主要电报站的气动管道。与之相似，经营同类商品的不同城市——比如同样经营铁器的格拉斯哥和米德尔斯堡——也通过电报紧密交织了起来。大城市的证券市场也和伦敦证券交易所连接了起来，同理，伦敦证券交易所又和全欧洲，乃至全世界的证券交易所相连接。

电报使得世界市场成为可能；它被用于在利物浦、纽约和芝加哥之间传递棉花和玉米的价格。金属交易、船舶经纪以及保险业，都成为了全球化的产业。

商业和电报之间有着千丝万缕的联系。一位作家在 1878 年写到："放眼全球，遍布每一个气候带，穿越所有文明国家的疆域，只要有可知的人类语言，只要商业有所集聚，或者他们的冶炼炉里大火熊熊，又或者巨型发动机的隆隆响声讲述着人类的工业故事，将全世界交织在一张大网中的电报道线都在用不同的语言发声。"

依赖电报的工商业越多，电报行业就越有利可图。两者之间的相互依存度相当之高。1870 年，当时美国电报行业的巨头西部联合公司，其总裁威廉姆·奥顿甚至在一次国会委员会上说，电报业务量可以作为测量经济活跃水平的重要指标。

"电报依存于工商业，"他说。"它是商业体系中的神经系统。如果您愿意赏光在我的办公室里坐上 20 分钟，我就能向你展示出，在任意时间、任意地点，商业经营的状况如何。上一年度，西部的谷物贸易冷清，结果导致该地区电报业的收入下降了 25%。从去年开始，南部商业逐渐复苏，每个月都有所增加，从当地电报的收入情况可以看出，当地随时可能恢复到战前的繁荣。"

奥顿的发言也反映出了西部联合在电报行业中的统治地位。类似于今天的快餐行业，西部联合也采用特许加盟的形式运营，通过吸收铁路公司作为它的特许经营人，西部联合间接雇佣的电报员高达数千人，这导致人们普遍担心它手中集聚了过多的权力。及至 1880 年，西部联合占有了全国 80% 的电报业务，从中获取了巨额的利润。

（毫不奇怪，公司认为它近乎垄断的市场地位是一件好事。奥顿声称，企业之间的竞争非但不能鼓励进步，反而会阻挠发展，导致"电报业务的连贯性与高效性缺失……公众将无法得到有保障的通讯服务。电报行业中会出现不同的收费标准，还会在中转的环节中增加不必要的推延和麻烦。另一个严重问题是，在重要线路上还会出现各家竞争的情况，可能出现数条新的线路。结果是业务没有增长，支出反而增加了。"西部联合坚称它的垄断地位对各方都有好处，而它之所以不受欢迎是因为坚持行业标准化。"尽管外界有关垄断的言论甚嚣尘上，"一本1871年出版的西部联合的内部刊物中称，"但是电报行业天然适合由一家大型组织主导，此乃无可回避之规律。"）

欧洲大部分国家中，电报一开始就是由政府控制的，而英国的私人电报公司也在1869年并入了邮政部管理。不得不承认的是，由一家机构掌控全国的电报业务有很大优势；比如说，在英国，"代号"体系得以在全国推进。按此政策，公司和个人都可以选择一个特殊单词作为"电报地址"，这样想给他们发电报就容易多了。电报地址比完整的邮政地址要易于记忆，而且根据1885年修订后的收费标准，收件人地址越长，相应的费用也就越高。电报地址是按照先来先得的原则分配的，城镇中的主要电报站会有一本查询簿，按字母将电报地址和实际的邮政地址对应起来。到了1889年，在邮政部注册的电报地址超过了35000个，带来了一大笔收入，因为每个电报地址都要按年度交纳管理费用。

电报地址只是一个小小的例证，用以说明企业很愿意为电报业务中的创新服务买单。私人租用专线，能够直接与大公司或者政府的收发室相连，提高发送和接受电报的速度，是另一项受到广泛欢迎的服务。从19世纪70年代开始，有多家分支机构的大公司就开始租用专线进行内部联络了，因为在专线内部发送电报是免费的，而且可以加强总部对分支机构的控制。这使得大型的层级制公司和金融机构得以兴起——形成了我们今天的大集团企业。

另一项电报公司提供的额外收费服务，是满足人们对信息的需要。公司可以订阅早间新闻的摘要，以及最新市场价格的总结。但对于某些行业来说，一天公布一到两次市价还是不够；他们需要更加频繁的数据更新。股票行情呼报机应运而生：这种仪器可以毫不间断地吐出股价信息。

在经济形势充满不确定的时期，投资者纷纷涌向黄金市场寻求避难。美国在内战时期国债大幅上升，并相应增发了大量纸币，导致 19 世纪 60 年代中，黄金始终受到追捧。鉴于金本位制之下，其他商品的价格也由黄金的价格决定，最为微小的金价波动也会在工商界造成重大影响，需要迅速而准确地进行报道。

华尔街的股票交易所专门为黄金交易开通了一个行情室，最新的金价会被用粉笔写在黑板上。但是人们对金价的需要如此旺盛，信童经常要从附近的办公室跑过来看板上的数据，黄金交易所的主持官，同时也是业务发明家的S.S.劳斯博士，决定要设计一种更成熟的报价机制。劳斯曾师从约瑟夫·亨利学习电学，他很快就设计出了一款电力设备，由标有数字的旋转滚筒组成，叫做"黄金指示器"。这种指示器就高高地安装在行情室的墙上，并由两只开关控制，开关可以随金价波动调整指示器上显示的数字。同时，黄金交易所的顶楼安装了另一只指示器，也由同一组开关控制，这只指示器从交易所外面的街道上就可以看得很清楚。随着黄金价格的涨落，指示器忠实地显示着它的变化。

虽然行情室里的混乱得到了解决，但是关注金价的本地商人还是要派信童来到交易所附近，从楼顶的指示器上读取金价。有些公司甚至雇佣了多达 12 名到 15 名男孩，他们往返于公司与交易所之间，一路上推推搡搡，争先恐后地汇报最新的报价信息。

劳斯意识到，一组开关可能控制的指示器不止两只，有意直接将指示器安装到商人和经纪商的办公室里，并收取订阅费用。在确认了用此种方式传送金价信息的权利之后，他从交易所离职，开办了自己的黄金指示器公司，到了 1866 年底，他的公司已经有了 50 名订阅客户。这些客户的指示器都是与行情室里的总开关串联的。

1867 年，一个名叫 E.A. 卡拉汉的电报员，利用不同的原理，设计了改良的价格指示器。卡拉汉最早的灵感是源于一场大雨。当时他正在回家的路上，突然下起了瓢泼大雨，于是走进了路边证券交易所的走廊里避雨，结果撞上了一大群吵吵嚷嚷的信童。"我当然会想到，这些吵闹和混乱其实都没有必要，"他回忆道，"价格可以通过一些类似电报的方法传送出来，而又不需要雇佣有经验的电报员。"但他很快就发现劳斯已经先行了一步；于是，他调整了自己的设计，使它可以将股票价格的变动持续记录在两条对应的纸带上。一条纸带上印着字母，代表股票代码；另一条纸带上印着数字，代表股票价格。每一台机器都由从交易所引出的三根电线控制。因为卡拉汉的发明总是响个不停，很快就被命名为"呼报机"。很快卡拉汉就与数百名客户签了约，订阅者遍布纽约金融圈，他的发明立即取得了成功。

股票行情呼报机。

但是呼报机的发明是福也是祸。"这台响个不停的小机器能让一个人瞬间登上天堂，也能瞬间堕入地狱，"一名作家抱怨道，"但如果真要责怪的话，就该怪美国人喜欢投机和炒作，而不是这种能够记录下金融脉搏的巧妙机械。"一位波士顿的商人则说的更加直白："呼报机语言中使用的字母和数字寥寥无几，但它能用九千九百万种方式拼写出'破产'，"他哀叹道。

1869 年，21 岁的托马斯·爱迪生来到纽约谋求生路。他本来无处可去，幸亏了有电报圈子的人脉，他得以在黄金指示器公司供电室的地板上过夜。爱迪生之前就设计过一款不太成功的报价设备，他很快就搞清了指示器和行情室里的控制系统的工作原理。有一天，控制系统忽然发出了一声巨响，然后就停止了工作。金价传送不出去了，劳斯博士的三百多名客户都万分紧张，每个人都派了信童到交易所查看情况。

"不到两分钟，大厅里就挤进来了三百多名信童，都在大声叫喊说这个或那个经纪商的线路坏了，马上把它修好。场面一片混乱。"爱迪生回忆道。他去查看了一下控制系统，很快发现了问题所在：机器里的一根弹簧掉了下来，卡在了齿轮之间，使它们无法转动。"我正要去告诉负责机器的人，劳斯博士出现了。他问那个人故障的原因，但他一无所知。我大胆上前，说我知道出了什么问题，于是他说'快修！快修！'"爱迪生取出了弹簧，重启了设备，没过多久，就又能正常工作了。

第二天，爱迪生拜访了劳斯博士，提出了好几项简化和改进设备的建议，以防再次出现系统崩溃。劳斯博士十分满意，并决定让爱迪生来全权负责，工资是 300 美元一个月。对于当时身无分文又流离失所的爱迪生来说，这绝对是好运降临。

没过多久，劳斯的公司就与卡拉汉的公司合并了，于是爱迪生决定自立门户。他和富兰克林·波普——另一位给劳斯博士打工的年轻工程师，合伙做起了为企业安装私人电报线和专用电报设备的生意。他们还设计了一款只需一根导线的股价呼报机，可以向贸易商和经纪商提供金价和英镑汇率，但收费要比完整的呼报机低廉。最终他的公司也被卡拉汉收购了，也就是今天的黄金和股票电报公司。

黄金和股票电报公司的总裁马歇尔·莱弗茨上将，很快就注意到了爱迪生的才华，并提出资助爱迪生的实验；作为回报，公司将免费使用他的发明。这是一个双赢的安排：爱迪生可以全心全意投入到发明之中了，而他提供的机器使得公司保有了决定性的竞争优势。没过多久，爱迪生就对股价呼报机做出了重大改善，他增加了一个巧妙的装置，可以在中央控制室对有偏差的呼报机重启，而不再需要派出工程师到现场。为了避免其他竞争对手得到这项技术，莱弗茨决定用大价钱买断它的专利权。他出价 4 万美金，这个数目远远超出了爱迪生的心理预期，他听了之后差点没晕过去。（爱迪生对大笔金钱没有什么概念，他从银行兑现支票时，一个爱恶作剧的职员用小面额的钞票堆成了一座小山摆在了他的面前。）

在短时间内，爱迪生就摆脱贫穷，实现了经济独立。他租用了一个大型车间，还雇了五十多人来生产股票呼报机和其他设备。他对产品的品质要求相当严苛，有一次，他把所有员工都锁在了车间里，直到他们完成了一大笔订单，而且所有的产品都"没有半点毛病"。很快，全美国的大城市都开始使用他的改良版股价呼报机，就连伦敦证券交易所也没能免俗。

今天，人们铭记爱迪生主要是因为他发明了电话和电灯泡，但是，正是由于电报方面的背景和对股价呼报机的改良，他才取得了追求发明事业所需的财务自由。

讽刺的是，正是由于他和其他发明者所做的改进，最终导致了电报及其周边产业的消亡；因为，任何一个建立在特定技术领域上的行业，都面临着在新发明面前土崩瓦解的危险。

衰退与消亡

环绕全球的高速通道就是电报的线路。

——献给塞缪尔·摩尔斯，电报之父，1871 年

1871 年 6 月 10 日，纽约举办了一场声势浩大的"摩尔斯电报大游行"，在人群的欢呼声和名人致辞中，一尊青铜的塞缪尔·摩尔斯塑像在中央公园揭幕。塑像是由来自全世界的电报员捐款建造的，借以表达他们对当时已经 80 岁的电报之父——摩尔斯的感激之情。为了捍卫这一称号，摩尔斯做出了顽强的抵抗。

因为尽管摩尔斯的发明遍布全球，但在起初，他得到的回报相当之少。确实，在 1847 年他还可以购置房产——哈德逊河岸上的一座意大利式别墅，周边有两百多亩土地，摩尔斯将它命名为洋槐树园。第二年，在妻子去世 23 年之后，时年 57 岁的摩尔斯再婚，第二任妻子比他年轻 30 余岁。当地电报公司直接在他的书房安装一条电报线，这样，用他的朋友的话说，摩尔斯就"如同稳坐网中的蜘蛛，他为自己织下了一张大网。在

这里，他可以直接接通全世界"。

到了 19 世纪 50 年代，虽然摩尔斯的经济状况还不错，但他远没有拿到自己应得的那份。作为电报专利的持有人，任何使用这项发明的公司都应该向他支付使用费；但当时的数十家电报公司中，只有少数几家尊重他的知识产权。事实上，他们大多使用对他的发明做出了微小改动的仪器，而这些仪器的设计者就专利权与摩尔斯争议不断。数量众多的科学家和发明家从木工活里探出头来，他们声称在摩尔斯之前就发明了可以正常工作的电流电报，又或者说曾对摩尔斯的发明作出过重大贡献。对于谁才是最初的发明人——也就是专利费的权利人——一场公开的论战展开了，摩尔斯发现，甚至连盖尔和威尔，他的前合伙人，都与他产生了隔阂，而他自己更是陷入了漫长而昂贵的诉讼之中。

1853 年，事情终于闹上了最高法院。法庭权衡了有关电流电报的各个方面，从它的起源到最新的发展，尽管摩尔斯的发明借鉴了前人的探索和结论，但罗杰·托尼大法官认为，这并不会减损摩尔斯取得的成就，因为从未有人像他一样成功地完成这幅拼图。他没有发明电池，没有发现电磁力，没有发明电磁铁，也没有解决长距离电报的电池配置问题，但他是第一个将这些因素结合起来，建成实用而有效的电报设备的人。摩尔斯向他人征求过意见的事实被认为是不相关的。"不管是他向别人提出的问题，还是他从其他科学人士获取的信息和建议，都不会减损他作为一个发明者的权利，"托尼裁决道，"因为除非完全是侥幸所得，否则不可能有人在充分搜集信息之前就做出这样的发明。事实是，摩尔斯从最适合的人选处获取了必要的信息和意见，又在此基础之上采取了行动，这既不影响他作为发明家的权益，更不影响他个人的美德。"

最终判决非常明确："在远距离之外书写、打印或者记录……在摩尔斯之前，从未有任何人发明或完善这项技术，更未有人将之投入到实际应用之中。"摩尔斯的专利权得到了支持；他被正式确认为电报的唯一发明人，而那些电报公司终于不得不向他支付他应得的专利费用。

即便如此，摩尔斯还是没有得到美国政府的官方认可——这一点与欧洲的景象大不相同，在那里，他已经收获了不少荣誉和奖章。1851年，摩尔斯的仪器被采用为欧洲的标准电报配置，英国是唯一广泛使用其他电报装置的国家（库克和惠斯通发明的指针电报机）——即使在英国，摩尔斯电报也因其简洁便利的设计而越来越受到青睐。事实上，1856年，库克在伦敦主持一场接待摩尔斯的宴会时，亲口承认了摩尔斯电报的优越性。"几个月以前有人问我，对于一个尚未建立电报体系的国家来说，应该选择哪种电报装置，"他说，"我向他推荐了摩尔斯教授的发明。我相信，这是世界上最为简单朴素的电报系统，而正是于简单朴素之中，蕴藏着持久以及确定。"

在欧洲各国，摩尔斯的各种荣誉接踵而至。拿破仑三世授予了他荣誉军团骑士的称号；普鲁士和奥地利因为他的科学贡献奖励了他黄金奖章；他从西班牙的伊莎贝拉女王、葡萄牙国王、丹麦国王和意大利国王处都得到了奖章；土耳其苏丹还亲自颁给了他一枚钻石镶嵌的光荣勋章。他还成为了很多科学、艺术和学术机构的荣誉成员，包括巴黎工业学院、法国历史研究所，奇怪的是，还有比利时考古学会。

尽管欧洲国家全都正式承认摩尔斯是电报的发明人，但他们却没有支付任何专利费用——因为 1838 到 1839 年，在他周游欧洲推广自己的发明那一年，他并没能在欧洲申请到专利权。（唯独法国是个例外，在法国他的专利申请得到了批准，但是政府经营的电报公司却从未给他支付过费用。）摩尔斯向美国驻巴黎大使提出了这点小小的不和谐，大使馆受理了他的请求，直到 1858 年，摩尔斯一次性收到了 40 万法郎的补偿（当时相当于大约 8 万美元），这笔钱由法国、奥地利、比利时、尼德兰、皮德蒙特、俄罗斯、瑞典、托斯卡纳和土耳其政府联合支出，比例按各地装备摩尔斯电报机的数量分配。

在此种情况之下，很多美国人，尤其电报行业中人认为，摩尔斯在他自己的祖国受到了怠慢。罗伯特·B. 胡佛——西部联合电报公司的一名经理，提议全国电报业人士共同为摩尔斯建一座雕塑。此项计划登载在 1870 年 4 月 1 日的《电报日闻》之上，而且很快得到了西部联合的总裁威廉姆·奥顿的支持。捐赠立刻从全国涌入，人们对此项计划热情高涨，很多其他国家的电报员也纷纷捐款。

第二年，在塑像揭幕仪式的当晚，纽约音乐学院举办了一场致敬摩尔斯的大型宴会，很多人在致辞中极尽谄媚之能。他们称赞电报和它的发明者将全世界的人类团结了起来，促进了世界和平，革命性地带动了工商业。电报被誉为"拓展了人类思维的边界"；提升了新闻与文学的标准；还被称为"人类历史所见证过的最伟大的创造。"除了致辞之外，还有一些人引用《圣经》，当然了，不可避免地，还有些糟糕的诗作。年逾古稀的摩尔斯，雪白的长髯让他看起来有点像圣诞老人，被称为"真正的天才"，"美国最伟大的发明家"，以及名副其实的"电报之父"。

到了晚上 9 点，全美国的电报线都与一枚摩尔斯键连接了起来，就是使用这枚电报键，摩尔斯向他创造的电报团体道别。"世界各地的电报界友人，你们好，我在此向你们表示感谢。在至高之处，荣耀归于神；在地上，平安归于他所喜悦的人。"这就是消息的内容，由一名经验丰富的操作员负责发送，然后，摩尔斯本人来到了台上，坐在操作台前，台下响起了经久不息的欢呼声，直到奥顿用手势示意人群安静了下来。全场鸦雀无声，摩尔斯敲下了他的签名，"S.F.B.摩尔斯"，所有的观众都站了起来，场面再次陷入欢腾。等到掌声和欢呼终于停了下来，奥顿说，"这就是电报之父与他的孩子们辞别。"

当晚，贺信从全世界各个角落涌向美国：哈瓦那、中国、印度、新加坡以及欧洲。人们排起了长队与摩尔斯握手。庆典直到午夜才结束，据说，甚至有一道极为明亮的极光出现在了天空之上。

但是，传奇式的摩尔斯欢送庆典，已经是电报行业的巅峰时刻。尽管早期走过一些弯路，也曾饱受人们的质疑，但电报还是取得了胜利，这就证明了进步的趋势是不可阻挡的；很快，技术上的进一步发展，就会对电报及其整个行业产生致命的打击。

1871年6月10日，塞缪尔·摩尔斯，备受尊敬的电报之父，告别电报界。

　　改变的信号最初源于电报公司对自动式电报机的热衷，到了 70 年代，这一技术开始越来越有市场。自动式电报机——不需要熟练的操作员就可以发送电报的机器——已经出现很多年了，但是随着电报业务量的上升，尤其是在繁忙的大城市，使用比电报员更加快速也更加稳定的机器来发送电报，这一前景日益引人注目。

　　最初的自动式电报机十分笨拙，有的发明家认为摩尔斯电码对于大多数人来说太复杂难学了，所以设计了这种装备。其中一个比较成功的尝试是惠斯通发明的 ABC 电报机，他在1858 年取得了专利。ABC 电报机由两个圆形表盘组成，每个表盘都有一根类似于钟表的指针，且边缘刻有字母表；上方的表盘用来显示收到的信息，而发出信息是通过下方的表盘，下表盘周围还有一圈按钮。发信息的时候，只需按住字母对应的按钮，然后转动把手，直到指针指向此字母。随着电流的传导，对方上表盘的指针会指向同一个字母，同时还会有电铃声响起，从而引起收信人的注意。ABC 电报机，也叫做"发报机"，在英国广泛用于私人线路中的单线通讯，因为它不需要专业的电报员操作。使用者主要是商人和政府官员，其中还有一名苏格兰场的警务处处长，他监控着来自伦敦各地的报告，"像蜘蛛一样坐在分机线织成的大网之中。"皇室家庭的成员也安装了自己的私人线路。

另一种比较流行的自动电报机，是由肯塔基州的音乐教授大卫·休斯发明的。1855 年问世的休斯打印机，有着钢琴一般黑白交替的键盘，这和休斯的音乐背景也许有关，每个按键都代表着一个字母（当代使用的柯蒂键盘在 20 年之后才发明出来）。它和 ABC 打印机的工作原理相似，但是多出来一个在机械发条下不停转动的"车轴"，当发送站有一枚按键按下时，车轴就会在轨道中停下来。与此同时，电磁铁就会带动小锤，在纸带上印下一个字母。任何人都可以操作休斯打印机——只要按顺序按下字母键就可以了——它也能提供任何人都可以读懂的打印好的信息，接收方也不需要操作人员。最初的设计还很粗糙；因为技术限制，它也只能在短距离上使用。经过后期改良，休斯打印机可以应用于更长的距离，它的使用者遍布英国、法国、意大利、瑞士、奥地利和普鲁士。

尽管这些自动打印机用起来十分便利，但它们发送信息的速度远远极不上有经验的电报员操作摩尔斯键。它们的使用也因为与摩尔斯电报机的设备不兼容而受限。1858 年，惠斯通发明了一种自动发送机，可以用事先打好孔的纸带将消息以摩尔斯电码的形式高速传送出去。这种设备可以完全取代人工电报员，而且速度高达每分钟 400 个单词——比最好的电报员还要快 10 倍。在接收端，信息还是以点和划的形式通过摩尔斯电报机打印出来，并用常规的方式解译成字母和数字。不可否认，使用自动发送机需要事先人工给纸带打孔，但这可以提前完成；较长的信息可以分成几段，由多名操作员同时打孔，然后再黏粘接在一起。

很多人将惠斯通自动发送机与提花织布机对比，提花织布机是利用打孔的卡片织出固定花纹的布料——事实上，很多人将自动发送机称作"电动提花机"。此发明问世之后，惠斯通又对它做了进一步改良，并在 1867 年之后得到了广泛应用。自动发送机尤其适合于传递新闻；因为新闻的价值减损很快，需要第一时间发送出去。自动机器确实很快：1886 年的一天晚上，

惠斯通自动发送机。事先打好孔的纸带从机器穿过，将消息以摩尔斯电码的形式高速传送出去。

威廉姆·格莱斯顿总理宣布了爱尔兰自治法案，伦敦中央电报站里，100 台自动发送机同时工作，当晚发送了不下 150 万字的电报。此外，惠斯通的发明还大大提高了每条电报线路上可以承载的信息数量；信息不再是按字数收费，而是按纸带的码数收费。

双工器的发明进一步提升了电报网络的容量，因为在一根电报线上可以同时发送和接受信号。事实上，人们早就开始想方设法，让本地的接收设备免受本地发报机信号的干扰，1853 年，奥地利国家电报局的威廉·金特就曾做出过一次失败的尝试。直到 1872 年，电路理论经历了跨越式的发展，波士顿的约瑟夫·B. 斯特恩斯才成功发明了双工器。这意味着只要在线路两端都安装上适合的设备，电报公司就可以在一根电报线上发送双倍于以往的信息量了，而购置一对双工器的成本要远低于架设一条新的电报线路。

与此同时，法国一如既往地按自己的一套做事。1874 年，法国电报局的吉恩·莫里斯·埃米尔·博多，设计了一种新式自动电报机，能从电报线路里挤出更多的空间和容量。在电报线的两端，同步旋转的配电指针可以将一条电报线在 4 到 6 组仪器间转换。配合上双工器，一条电报线的容量可以达到原来的 12 倍。这种设备不使用摩尔斯电码，而是使用一种五单元的二进制码，每个字母都可以用 5 个或正或负的电脉冲表示。

博多机两端的操作人员通过控制一个类似钢琴的五键键盘来发送消息。配电指针每旋转一圈，线路就在两端的操作人员之间自动切换。电脉冲的排列由操作键决定，如果一个操作键被按下了，就会发出正脉冲；反之则是负脉冲。配电指针一般每秒旋转两到三次，每个操作员在一次轮转中仅有若干分之一秒的时间使用线路，所以掌握时机是至关重要的；每次轮转的开始都会咔哒一声，以帮助操作员抓住瞬间的操作时机。在接收端，一个巧妙设计的机电装置会将脉冲流转化成打印在纸带上的信息。

博多机每分钟最多可以发送30个单词；线路两端各有12台设备，也就是说，一条线路的有效功率就能达到每分钟360个单词。因为需要精准地把握操作时机，操作博多机的工作压力相当之大，平均来看只有2/3的有效功率可以实现。但是由于接收端不需要操作人员，对熟练操作员的需求减少了一半。

同年，在双工器的发明上输给斯特恩斯的爱迪生，发明了四工电路，从它的名字就能看出，这种工具能使一条线路同时承载四条电流信号。四工电路主要就是将两条双工线路叠加形成的，难处在于从一端同时发送两条信息；解决的方法是使用两组仪器，一组对电流方向的变化敏感，另一组对电流量的变化敏感。和双工器一样，四工电路也马上就被广泛采用了。据说，"小四工"每年能给西部联合公司省下50万美元，这笔钱原本是要用于建设新线路的。

这些新技术使得电报公司在设施建设和人员方面的支出大大缩减；在最大利用网络容量的同时，降低操作支出，是要解决的关键问题。1883年的一项研究显示，使用打孔纸带的自动电报机大大降低了人力成本：支付给能操作这种简单设备的非熟练工人的薪水，只有给熟练的摩尔斯键操作员的1/4。

随着技术发展的无情步伐，电报业从高技术含量转向了低技术含量；从需要精心学习的技艺转变成了人人都能干的活计。电报领域的亮点从操作高手转换到了最新的高科技设备，电报杂志的论调也发生了变化；之前大量有关电报的故事和诗歌被电路图和复杂的讲解取代，此时的目标读者是技术人员和管理层，而不再是仅仅操作机器的卑微小民。自动电报机的盛行逐渐削弱了电报圈的势力；而一项新的发明将会给出一记致命的打击。

双工器和四工电路的发明说明了，只要能玩转电路，一根导线可以承载2倍、甚至4倍的信号量。那么还有没有办法进一步提高电路的承载量呢？任何找到办法改进四工电路的人都将面对一个需求成熟的市场，因为此类技术进步已经给电报公司省过一大笔钱。毫不奇怪，很多发明家投入了相当多的时间和精力用于这方面的研究。

其中一种路径就是"谐波"电报。人耳就能分辨出不同音高的音符，如果每个音高上的音符都在按各自的节拍演奏，那么任何足够乐感的人都能把它们区分开来——就如同在人群的噪声中找出某个人的声音。谐波电报的原理就是使用一系列在不同频率上震动的簧片。簧片产生的电信号可以相互叠加，通过电报线传导出去，在另一端被一组相同的簧片重新区分开。簧片产生的震动作用在摩尔斯电报机上，以点和划的形式显示出来。

以利沙·格雷，对谐波电报进行研究的发明家之一，设计出了一种装置，他认为这个发明能使一条电路同时传送 16 条信

以利沙·格雷，发明家，他在谐波电报研究方面取得的成就为电话的发明做出了贡献。

息。但是在他进行测试的时候，他发现只有 6 条信号比较稳定。但他确信，他的装置可以得到改良。

另一位研究谐波电报的发明家就是亚历山大·格雷厄姆·贝尔。1875 年 6 月 2 日，贝尔正在测试他的仪器，一枚簧片恰巧卡住了，他的助手托马斯·沃森用比平时大得多的力气往出拔簧片。在另一端的贝尔听到了簧片发出了"嘣"的一声——远比仪器本来要传送的纯音调要复杂的多的声音。贝尔意识到，如何能做出一些合适的调整，他的设备能做的远不止于发送电报。看起来，他似乎是误打误撞地找到了一种能够传递声音本身的方式——包括人类的声音——通过一条连接两地的电线。

贝尔连续忙碌了几个月，建造出了一台模型机。看到格雷也在做同样的工作，1876 年 2 月 14 日，贝尔抢先申请了专利，即便他的设备还没能完全测试成功。3 月 3 日，他的专利申请得到了批准，实验也在一周之后取得了关键进展——他第一次成功用他的发明传递出了可以理解的语言。又经过几个月的精雕细琢，他的新发明——电话机就要问世了。

最初，电话机只是被当做"会说话的电报"——对现有电报技术的发展，而不是一项全新的创造。即使是贝尔本人，在申请专利时使用的名称就是"改进的电报"，他在向英国投资人介绍这项发明时，也是将其称为电报的一种。"其他的电报设备，"他写道，"都是通过信号工作，而信号需要专业人士

亚历山大·格雷厄姆·贝尔，电话机的发明人。

来传输，所以其应用就非常受限。但是任何人都可以通过电话机讲话。"格雷的律师给他的建议是，电话机仅仅是在研究谐波电报过程中一个无关紧要的副产品，所以，他最初没有和贝尔争夺电话机的专利权。没过多久，这个决定就让他后悔莫及。

　　和任何类型的电报相比，电话机都有明显的优势，这一点在新成立的贝尔电话公司的第一条广告语里就被点破了："无需专业的操作人员；直接与你想要的人交流，无需第三方介入。交流更加快捷，摩尔斯发声器平均每分钟发送 15 到 20 个单词，但是电话机可以做到 100 到 200 个。没有操作、维护和修理方面的费用。不需要电池，也不需要复杂的机械。有着无以伦比的经济性和简便性。"

电话立即取得了成功。1877 年 6 月底，已经了 230 部电话机投入使用；一个月之后，就变成了 750 部；再过一个月，就是 1300 部。等到了 1880 年，全世界一共有了 3 万台电话机。

与此同时，电学方面的一系列新发明开始崭露头角，比如说利用电火花点燃的气体放出光芒，尽管在最初的时候这也被认为是电报的副产品。但是随着爱迪生在 1879 年发明了白炽灯泡，以及从电缆车到升降机中电的各种应用，人们开始意识到，电报不过是电的多种用途之一——而且还是一种过时的应用。抛开了电报出身，爱迪生开始投入于电学相关的各个领域，他设计出了更加高能效的家用供电装置，还发明了计电表来检测它的使用情况。

19 世纪 80 年代的电学热持续升温，电话业务也保持着快速增长，电报不再是技术的前沿。"过去的 50 年里，电报给人类生活带来了翻天覆地的变化，而如今，电报本身受到了一位更加年轻、也更有活力的竞争者的挑战。毫无疑问，电话机的前途一片光明。"1885 年的《钱伯斯杂志》中写道。

到这时，很多电报员都开始抱怨他们已经沦落为按键的机器了，而其他人则公开谴责电报员队伍素质的下降。"这一行业已经彻底沦陷了，"《电报日闻》的记者感慨道，"没有了精准和统一的高行业标准，电报既不能促进公众的福祉，自身也无法健康进步。"

最能体现出电报业的衰退的，也许是那些主要报道电学和电报方面前沿科技的报刊和杂志的更名：《电报先驱者》变成了《电学时代》，《电报员周刊》改名为《电力世界》，而《电报日闻》变成了《电学评论》。在技术革新的无情步伐之中，整个电报圈子，以及与其伴生的习俗和文化，走向了不可避免地衰败与枯竭。

第十二章

电报的遗赠

我的老电报啊，

我该拿你怎么好，

独自封存在塔顶，

铭文一般阴郁，

冰砾一般沉寂？

　　——《老电报》诗歌片段，作者古斯塔夫·那
多德

　　摩尔斯本人没能见到那件将要使电报黯然失色的新发明的
诞生。他出席了纽约印刷所广场的本杰明·富兰克林雕塑揭幕
仪式，当天天气异常寒冷，本已年迈体衰的摩尔斯感染了风寒，
身体更加衰弱。几周之后，他的医生在为病榻之上的摩尔斯检
查时，敲了敲他的胸口，说道："教授，我们大夫是这么发电
报的。"摩尔斯微微露出笑容，说了句"很好，很好。"这就
是他最后的遗言。1872年4月2日，81岁高龄的摩尔斯与世长辞，

埋葬在纽约州的绿林公墓。根据当时的评估，他的遗产价值约为 50 万美元——已经是相当可观的一笔财产了，但还远不及那些利用他的发明建立起电报帝国的商业巨头们积累下的财富。然而这对摩尔斯来说却已足够，他慷慨地捐助了多项慈善事业，并且为"《圣经》与科学关系研究"这一课题提供研究资金。

随着摩尔斯的辞世，可以说，业余科学家的传统也随之消逝了。电报起源于摩尔斯和库克，这两个人都是将好奇之心与发明结合了起来，然后执着地走出了第一步；接下来就是改良的时代，在此期间，汤姆森和惠斯通这样的科学家为这项发明提供了理论基础；最后，当这一行业足够稳定、有利可图而又可以预期之时，商人们就会将其接管过来。（从表面上看，爱迪生似乎与摩尔斯、库克有很多共同之处，但他并不是业务人士；如果没有对电学理论的深刻理解，他不可能发明出四工电路，而这种精深的理论基础正是摩尔斯和库克所不具备的。）

1875 年，惠斯通去世，他在生前荣耀无数，还通过出售专利积累了一大笔财富。和摩尔斯一样，他也被授予了荣誉军团骑士的称号，并在 1868 年大西洋电报取得成功之后封爵。他一生所取得的奖章装满了一个一英尺见方的木箱——而且他与库克之间的恩怨始终没能化解。惠斯通拒绝了皇家艺术协会颁发的艾伯特奖章，仅仅是因为库克也得到了同样的荣誉。他继续从事科研事业，主要兴趣在于光学、声学和电学，是一名富有而受人尊敬的学者。除了在电报领域取得的成就，他还发明了立视镜和六角手风琴，然而，今天他的名字被学生们熟知，却是因为惠斯通电桥———一种测定电阻的仪器，有意思的是，这也并不是他本人发明的，他只是帮助推广了这一发明。

再说库克，虽然在初露头角时一鸣惊人，但接下来的发展却不尽人意；事实上，惠斯通不愿意库克同其并论是相当可以理解的。库克先是在 1845 年电力电报公司成立之初担任了管理职位，直到 1869 年英国政府接管公司，他也是在同年受爵。但是没过多久，他就陷入了财务危机。他买下了一座采石场，然后又把出卖电报公司股权的收入全都投入到了几个尚不成熟的新发明上，其中就包括可以复制任何塑像的大理石切割器，以及列车使用的远程控制门———他曾想把这一发明在伦敦地铁中推广使用，但是没能成功。英国首相威廉·格莱斯顿注意到了库克的窘境，给他颁发给了一笔每年 100 英镑的年金，这已经是政府权限内的最高额度了。但这还不足以帮助库克摆脱债务。他与惠斯通之间的敌对一直持续到惠斯通去世；库克参加了惠斯通的葬礼，有意思的是，在那之后，他反而在惠斯通对发明电报的贡献这个问题上更加客观公正了。1879 年，库克去世，而他的财产早已挥霍一空。

19 世纪 80 年代末期，电话业务正在蓬勃发展。1886 年，电话发明 10 年之后，全世界总共有一百万部电话投入了使用。

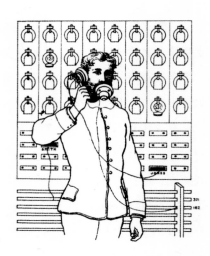

早期的电话交换台。

早期存在的一些技术难题，比如通话音质差、通话距离限制以及手动和自动电话交换台的设计等，很快就被爱迪生、休斯和沃森等人攻克了。等到了世纪之交，使用中的电话机数量已达到近200万台。（贝尔并没有在改进自己的发明上下功夫；电话的成功得到保障之后，他马上就把注意力转向了航空领域。）

当维多利亚女王的统治在1901年终结之时，电话的黄金时期已经成为了过去。在美国，平均10个家庭中就有1家安装了电话，新发明很快就风靡了全国。1903年，英国发明家唐纳德·莫里将惠斯通和博多的自动电报机最精华的部分结合了起来，又添加了打字机键盘，组成了一种新的机器。这种新机器很快演变成了电传打字机，和电话一样，它也不需要专业人士操作。

电报员作为一个高收入、高技术含量职业的全盛时期已经结束了；因为掌握了一门尖端的技术，电报员跻身成为了精英群体的一员，只可惜他们的停留是短暂的。随着 20 世纪曙光的降临，电报的发明人与世长辞，电报人的圈子四分五裂，而电报的黄金时代正式走向终结。

尽管现在电报已经逐渐淡出了人们的视野，但是电报的影子还留存在那些由其基础之上发展来的通讯技术中：电话、传真，甚至互联网。而且，值得玩味的是，正是互联网——人们眼中最为摩登的通讯方式——与电报的共同之处最多。

和电报网一样，互联网给人们提供了通过相互连接的网络进行远距离通讯的手段。（"互联网"这个词本事就是一组相互联系的网络的意思。）通用规则和协议使得不同类型的计算机之间可以交换信息——正如信息可以通过一种类型的电报机（比如摩尔斯电报机）发送到另一种类型的电报机（比如气动管道）。而电子邮件的路径，从一个服务器跳转到另一个服务器，直到达到目的地，就和电报信息从一家电报站传到下一家电报站的过程相似。

甚至那些最早期、最初级的电报设备——就像查普发明的观感电报机——也在今天的调制解调器和网络硬件中留下了身影。每当两台计算机之间交换一个八位数的二进制数，或者一个字节，它们运行方式都和 8 块遮光板的观感电报机在 200 年前的做法一样。今天的计算机不再需要电码本，而是使用通过协议来发送不同的字母。这一安排，就是美国信息交换标准代码（ASCII），举例来说，大写字母"A"就由 01000001 代表；但处理的原则和 18 世纪末期相比没有什么本质上的区别。查普的设计中就有专门用于提示对方提高或降低发送速度，或者表示接收到了乱码、请重新发送的特别代码——这些特征今天的调制解调器都有。而调制解调器使用的协议则是由 ITU 确定的，没错，就是为了规范国际电报业务在 1865 年成立的那个组织。只是 ITU 代表的含义由国际电报联盟变为了国际电信联盟。

更加值得注意的是，互联网带来的社会影响与当年电报引起的现象惊人相似。对于这两项新技术，公众的反应都是狂热与怀疑的混合。就像维多利亚时代的人相信电报会消除不同民族之间的误解，引领世界和平的新时代；互联网横空出世之时，媒体开始了铺天盖地般报道互联网将会如何深刻地改善人类的生活。

这些乐观预测之中有的听起来相当耳熟。在迈克尔·德图佐斯 1997 年的新书《未来的社会：信息新世界展望》中，这位麻省理工学院计算机科学部的教授描绘了一幅"计算机带来的和平"的未来景象，正是互联网这样的数字网络使其成为可能。"通过电子网络建立起来的共同纽带，在未来可能会帮助我们

回避民族仇恨和国家冲突引起的战争．"他写道。在 1997 年
11 月份的一次会议中，麻省理工学院的媒体实验室主任尼古拉
斯·尼葛洛庞帝，言之凿凿地宣布了互联网将会打破国界的限制，
缔造世界和平。在未来，他说，孩子们"将不复了解民族主义
为何物"。

　　相似之处还不止于此。精于骗术之徒想出了利用电报操纵
股票价格和赛马结果来骗钱的歪门邪道；他们在 20 世纪的同仁
则在互联网上搞起了金融服务的假"店面"，将投资者的钱骗
到手之后就大玩失踪；黑客们则攻入系统安全存在漏洞的电脑，
盗取成串的信用卡号码。

　　担心互联网安全性不足的人们，和当年使用电报时遇到同
样问题的人一样，都将目光投向了相同的解决方案：秘密代码。
在互联网上，压缩文件和加密信息的软件使用的广泛程度，不
亚于当年电报领域的商用密码。正如当年的国际电报联盟对电
码密码的使用进行了限制，很多国家的政府对计算机加密也打
算采取类似的监管措施。（值得一提的是，国际电报联盟对电
报密码的强制性规范很难执行下去，最终只得不了了之。）

　　从更加单纯的层面来看，电报和互联网都有自己的行话和
流行语。当年的电报员又被称作"塞子""新生代""领奖人"，
今天的互联网用户则是"网上冲浪者""网虫"或者"网民"。
而且电报用户和互联网用户都有自己的个人签名。

另一桩相似之处就是，不熟练的新手和经验丰富的老手之间的敌意始终不变。大城市电报站里的电报高手，在不得不和乡下电报点里笨拙的操作员打交道时，往往会被对方惹怒，进而大发脾气；20 世纪 90 年代初，互联网刚刚走进普通人的生活时，同样的现象再次发生了。这些人不懂互联网上多年形成的习俗和传统，在网络前辈眼中，他们的所作所为令人难以置信地愚蠢、轻信和无礼。

伴随新技术来到网络疆土上的不只有冲突和竞争，还有浪漫的恋情。无论 19 世纪还是 20 世纪，浪漫的可能性都是其共有的特征：电报网和互联网都见证过在线婚礼。1996 年，在一名身处西雅图的牧师的见证之下，远在 10 英里之外的苏·赫勒和林恩·博顿斯举行了网络婚礼，与 120 年前通过电报结婚的菲利普·里德和克莱拉·乔特遥相呼应。这两项技术也都因为引发了情感问题而受到指责。1996 年，一名新泽西的男子向法院起诉离婚，原因是他的妻子与别的男人发暧昧的电子邮件，新闻报道中普遍把这个案子称为第一桩"互联网离婚案"。

经历过初期的怀疑阶段，不管 19 世纪的电报还是 20 世纪的互联网，企业和商家都是最积极的尝试者。只要能给企业带来市场竞争优势，他们就愿意为租用私人数据线或高附加值的信息付费。现在有专门的网站提供股票价格和重要新闻，这些在一百年前就可以通过股票行情呼报机和新闻电报线路获得了。

而且正如当初电报的发明导致了商务活动的节奏加快、压力上升，今天人们也普遍指责互联网带来了信息过量的问题。

曾经，电报使新的商业模式成为可能：大型企业帝国开始建立了起来，总部通过电报对各个分支进行集中控制。如今，互联网对人们工作的方式进行了重新定义，远程办公（与办公室保持网络沟通，而本人在家中或其他位置办公）和虚拟企业（没有总部，分布在各地的工作人员通过互联网沟通业务）兴起。

电报和互联网之间的相似之处相当显著——无论是技术基础方面的还是社会冲击方面的。但是电报的故事还有一层更深的内涵。因为电报能够为相距遥远的人们建立联系，它成了第一项被当成万能灵药的技术。鉴于其具有改变事件的潜能，电报很快就推上了解决所有世界性问题的神坛。当然，电报没能实现人们的期待——但是从那以后，我们又开始把希望寄托在其他的新技术之上。

19世纪90年代，电力的倡导者宣称，通过使用电，人类将彻底摆脱繁重的体力工作，创造出一个富足和平的新世界。20世纪的第一个十年，航空技术激发了类似的幻想：当时的人认为，洲际旅行将变得前所未有的便捷，因此国与国之间的分歧和误解将会被彻底消除。（一名评论人员说，航空时代将会是一个"和平时代"，鉴于军队无法抵御空中袭击，因而，有了飞机，军队就会被废除掉了。）与之相似，人们还曾经以为电视会有助于提高教育水平，减少社会隔离，提升民主程度。核能则被认为将会引领一个物质财富的丰裕时代，到那时，电力将会便宜到"无法计量"。如今，因为互联网的出现，人们再次对未来做出了相当乐观的预测，而这种乐观本身并不是什么新事物，只是150年前大西洋电报问世之时就有的科技乌托邦主义的最新例证。

　　也许当年把电报当成解决所有问题的万能灵药还情有可原。但是今天的人们还在犯同样的错误就不太说得过去了。讽刺的是，虽然电报没能实现所有关于它的乌托邦式的期待，但它确实改变了整个世界的面貌。而且它还完全重新定义了人们对于新技术的态度。从某种意义上说，我们至今还是生活在电报为我们揭开序幕的新世界里。

尾声

　　与互联网相关的极度乐观、怀疑主义以及迷茫困惑——对新型犯罪的担忧、社会道德标准的调整，还有商业模式的变化——与当年电报引起的希望、忧虑和误解如出一辙。事实上，这种结果完全不出意料。因为这是人类天性使然，与任何科学和技术无关。

　　任何一项新的发明，总会有人看到它造福人类的潜力，有人则看到实施犯罪或赚取不义之财的新机会。无论 21 世纪出现了何种新的发明，可以预见，人们都会给出同样的反应。

　　这种反应可以被解释为"人类中心主义"——自尊自大，把自己所处的时代看做历史的风口浪尖。今天，总有人反复地说，我们正身处于通信革命的浪潮之中。但事实上，从很多方面来看，电报对于当时人类的革命意义，要远高于我们当今见证的各种发明。如果哪一代人有权宣称，他们经历了一场令人眼花缭乱、应接不暇，世界都因之而缩小、全人类都因之而拉近了距离的革命，这些人不该是我们——而是我们在 19 世纪的前辈先人。

来自维多利亚时期的穿越者来到 20 世纪末之后，毫无疑问，对互联网只会反应平淡。太空飞行和常规洲际航空旅行对他们来说，远比我们大肆宣扬的全球通讯系统更加神奇，也更加震撼。毕竟，在维多利亚时期的人眼中，让比空气重的机器飞起来是完全不可能的。而至于互联网呢——他们自己就有一个。

编后记

写一本有关互联网的书，但其中的每样东西都已经将近过时了150年，这样做的好处之一就是，不用担心写着写着，所写的东西就被因为新技术的发展而被赶超，或者变得无关紧要了。《维多利亚时代的互联网》主要完成于1997年，并在次年第一次出版。从那时起，互联网界发生了很多变化；20世纪末期的技术乌托邦主义也随着2000年互联网泡沫的破灭而销声匿迹，尽管宽带技术的广泛传播和新互联网商业模式的成长让很多企业卷土重来。此外，过去十年发生的所有变化，都没有改变互联网和电报之间殊途同归的事实。

互联网的发展和演化并不令人惊讶。但奇怪的是，电报仍然还会出现在新闻之中。1844年，塞缪尔·摩尔斯用一句"上帝所做之功"为电报行业拉开了序幕，2006年，一条更为平实的信息给美国的电报业务划上了句号："2006 年 2 月 27 日起，西部联合公司将停止办理一切电报业务。我们对停业给您造成的不便表示歉意，并且感谢您多年来的赞助与支持。"和很多人一样，我为电报的消亡感到伤感——但我同样也对电报居然坚持了这么长时间而惊讶，毕竟更快捷，更便宜，也更方便的电子通讯方式已经相当普及。

十年之前，提到电子通讯时，人们所指的就只有电子邮件，但是过去十年里另一个引人注目的发展就是手机短信——电报的神奇重生。最初开始使用短信的是一群欧洲高中生，用于替代昂贵的移动电话呼叫，现在，短信已经成为了风靡全世界的新的通讯媒介。2006 年，全世界一共有 1.3 万亿条短信发出；相对较晚接受这一技术的美国人，在那一年发送了 1580 亿条短信。（但是电子邮件的使用量更高；2006 年，人们总共发送了9 万亿封电子邮件，其中还不包括垃圾邮件。）

和之前使用电报时一样，短信也迫使人们不得不简洁且直奔主题，一些旨在节省空间的缩写又被发明了出来，比如说"c u l8r"（完整表达为"see you later"，英语中"一会儿见"的意思）。电报时代不仅仅留下了上述的遗存。诺基亚手机在收到短信时会发出"哔"声的提示音，三声短、两声长，再三声短——摩尔斯密码中的"SMS"（"short message service"的首字母），代表了"短消息业务"，也就是短信的全称。塞缪尔·摩尔斯应该引以为豪。事实上，一种已经被废弃的 19 世纪的技术，在 21 世纪转世重生。电报已经死去；电报又将永生。

移动电话不仅仅是电报的继承人。随着带有互联网功能的移动设备激增，它也有可能被证明是台式电脑最重要的继承者。的确，正像电话机对于电报的优势：更加便于操作、也更加广泛普及，移动电话相较于互联网也有着同样的长处。

电报的命运就是被它自己的后代产物遮掩住光芒，尤其是电话机，最初发明的时候只不过被当做了对电报技术的一点小改动（一个"会说话的电报"），但后来远比电报更加流行。电报技术还衍生出了股票行情呼报机，电传打字机，还有可以通过电报发送图片的传真机雏形。这些专用设备都是对原始的电报技术进行了改造，以便满足各自的特殊用途。相同的命运正在发生在互联网身上，台式电脑不再是使用互联网的唯一通道，互联网开始嵌入到其他设备之中。特定任务的设备，比如可以连接互联网的音乐播放器、游戏机、电视机顶盒和高保真音响，现在都已经问世。

但是，通过移动设备连接互联网，比如手机和黑莓掌上电脑，才是最有发展空间的领域。在发达国家，台式电脑在移动电话之前就已经普及了。但在发展中国家，移动电话要比台式电脑使用更为广泛。正如世界著名管理大师 C.K. 普拉哈拉德所说，"未来的市场将是以无线设备为中心的，而不是以台式电脑为中心。"目前，移动电话的数量已经超过了 25 亿，而且还在快速增长之中，即便是全世界最贫穷的区域，手机也在流行。移动电话将会完成由电报开启的电信民主化之路。

汤姆·斯坦迪奇

出版后记

在互联网出现之前，整个世界已经被一项长距离即时通信技术紧密联系起来了，这就是被称为"维多利亚时代的互联网"的电报系统。几乎所有新事物被人们接受的过程都十分坎坷，电报自然也概莫能外。

这个伟大发明在欧洲和美国有两个不同的版本，一个是美国人摩尔斯的版本，另一个是英国人库克的版本，这两个人却都是业余的发明家。由于缺乏科学素养，这两位被成为"民间科学家"也不过分，但是依靠勃勃的雄心和强大的信心，他们都挺过了来自官方和民间的轮番质疑，开创了一个大时代，而在他们之前或者同时代的一批有识之士却因诸多方面的原因而选择了放弃。这不得不引起我们的思考，到底什么人最适合创新？

一项伟大的发明必然会深刻地影响一个时代，电报改变了商业模式，诱发了新型犯罪，繁荣了亚文化，促进了新媒体的兴起……如今，电报渐渐淡出了人们的视野，但是在电报的基础上，电话、传真，甚至是互联网逐渐发展乃至发达起来。值得玩味的是，正是互联网与电报的共通之处最多，在这个被称为"互联网时代"的当下回望百余年前的电报时代，怎能不有"今夕何夕"之叹！

人们常说"太阳底下无新鲜事"，在互联网技术发展日新月异的今天，商业模式与社会伦理不断经受挑战，焦虑和狂热的情绪反复煎熬着现代人，翻开这本书，重温这段电报的历史，或可收获一份理智与平静。本书作者汤姆·斯坦迪奇为《经济学人》数字版主编，本书为他的处女作，甫一出版便引发轰动，名列《财富》推荐的商务人士必读的 75 本书之一。

另外，我司出版的《合适》《畅销的原理》《内向者沟通圣经》，亦能为你在工作和生活中提供助力，敬请关注。

服务热线：133-6631-2326　188-1142-1266
服务信箱：reader@hinabook.com

后浪出版公司

2017 年 3 月

图书在版编目（CIP）数据

维多利亚时代的互联网 / (英) 汤姆·斯坦迪奇著；多绥婷译 . -- 南昌：江西人民出版社，2017.7

ISBN 978-7-210-09368-8

Ⅰ . ①维… Ⅱ . ①汤… ②多… Ⅲ . ①互联网络—研究 Ⅳ . ① TP393.4

中国版本图书馆 CIP 数据核字 (2017) 第 086641 号

版权登记号：14-2017-0315

维多利亚时代的互联网

著者：[英]汤姆·斯坦迪奇
译者：多绥婷
责任编辑：冯雪松　钱　浩
出版发行：江西人民出版社　印刷：北京富达印务有限公司
889 毫米 × 1194 毫米　1/32　6.5 印张　字数 107 千字
2017 年 7 月第 1 版　2017 年 7 月第 1 次印刷
ISBN 978-7-210-09368-8
定价：38.00 元
赣版权登字 -01-2017-324